AF461895

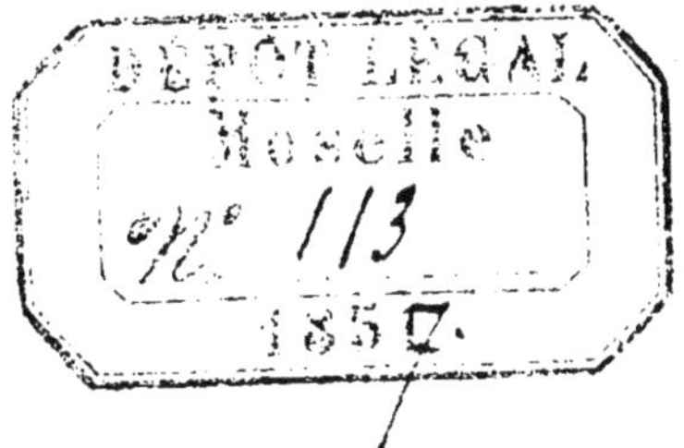

AGRICULTURE

PRIMAIRE.

C.

Metz. — Typ. Jules Verronnais.

AGRICULTURE PRIMAIRE

OU

LA SCIENCE AGRICOLE MISE A LA PORTÉE DES ENFANTS

A l'usage des Écoles rurales

Par M. HALLEZ-D'ARROS

Ancien Secrétaire Général de Préfecture; Membre du Comice agricole de Metz

Tout fleurit où fleurit l'Agriculture,
(SULLY.)

PARIS,

BORRANI, ÉDITEUR, rue des Saints-Pères, 9. | DEZOBRY et MAGDELEINE, rue du Cloitre-St-Benoît.

METZ. — WARION, Libraire, rue du Palais.

1858.

PREMIÈRE PARTIE *.

NOTIONS PRÉLIMINAIRES.

§ I. — De l'Importance de l'Agriculture.

De toutes les professions, celle de l'agriculteur est la plus honorable et la plus utile.

Pour tout peuple civilisé, l'agriculture est une condition d'existence et de prospérité ; aussi a-t-elle toujours été en grand honneur.

Du temps des Romains, les plus illustres citoyens se faisaient gloire de quitter les grands commandements pour se livrer aux travaux des champs ; l'histoire a conservé le nom d'un cé-

* Cette première partie peut servir de lecture courante dans les écoles. Ce n'est qu'à partir de la 2e partie que les matières sont divisées en leçons suivies de questionnaires.

lèbre général * qu'on fut obligé d'arracher de sa charrue pour lui confier les destinées de son pays.

Dans une des contrées les plus puissantes de l'Asie, pour honorer l'agriculture, on a institué, dès la plus haute antiquité, des fêtes pompeuses pendant lesquelles l'Empereur, entouré d'un peuple immense, ne dédaigne pas de tracer lui-même un sillon.

En France, où l'agriculture occupera bientôt le rang qui lui appartient, elle reçoit tous les ans et sous diverses formes, de précieux encouragements qui témoignent de plus en plus de l'intérêt que le gouvernement prend à son développement et à ses progrès. Près de notre souverain, siége un ministre de l'agriculture, comme il y a un ministre à la tête de tous les grands services de l'État. La mission de ce haut fonctionnaire est de favoriser tous les perfectionnements introduits dans une des branches les plus importantes des arts utiles. — C'est sous sa direction, et avec le concours des Préfets, que, sur tous les points de notre belle patrie, s'orga-

* Cincinnatus.

nisent et fructifient ces bienfaisantes sociétés qui, sous le nom de *comices*, s'attachent à propager les bonnes méthodes, à améliorer les races des animaux utiles, à primer les plus beaux produits, et dont la sollicitude éclairée, ne se bornant pas à seconder les efforts de l'agriculteur, va jusqu'à récompenser, dans leurs vieux jours, les serviteurs fidèles qu'il a associés à ses modestes travaux.

Non-seulement, l'agriculteur remplit dans la société le rôle le plus utile, mais c'est à lui qu'est réservé le sort le plus heureux. S'il ne parvient pas toujours à la richesse, il est du moins sûr de ne jamais manquer du nécessaire. Indispensable à tous, il n'a besoin de personne. Et puis que de jouissances morales, que d'avantages matériels il a dans son partage ! Sans cesse en présence des œuvres admirables du Créateur, il puise dans la contemplation des merveilles de la nature les sentiments religieux qui donnent la paix intérieure, source de la vraie félicité. La régularité de ses habitudes le met à l'abri des atteintes du vice; la diversité de ses occupations le préserve de la fatigue et de l'ennui. Toujours calme au milieu de l'activité, toujours indépendant au sein de ses travaux, sa vie est, comme le disait un ancien* *la plus enviable et la plus digne de l'homme libre.*

Enfin la vie des champs, par les exercices qu'elle exige, donne à ceux qui s'y livrent la santé, le plus précieux des biens, et leur assure une vieillesse exempte d'infirmités.

Sans doute, le laboureur n'est pas affranchi de toutes les misères humaines, car le bonheur parfait n'existe pour personne dans ce monde. Mais, comparativement à toutes les autres conditions, la sienne est la préférable. Même après un de ces désastres qui viennent ravager ses récoltes, il n'a pas lieu de se décourager : l'espoir ne doit pas l'abandonner. Qui peut savoir les desseins de Dieu? Peut-être la gelée qui fait tomber ses fruits, assure-t-elle la beauté de ses gerbes... Peut-être la sécheresse qui flétrit ses prairies, prépare-t-elle la maturité de ses raisins... N'a-t-il pas, d'ailleurs, pour se préserver des pertes, une ressource dans l'institution des assurances? — Enfin il connaît cette parole de l'Écriture** : « L'homme examine les mesures qu'il

* Cicéron.

** Prov. chap. XVI, v. 9.

« doit prendre pour réussir, mais c'est l'Éternel « qui donne le succès » et, sans se lasser, il travaille avec courage et persévérance, se confiant en la Providence qui ne trompe jamais ceux qui se placent sous sa garde.

Trop souvent une ambition irréfléchie se glisse au cœur de l'homme des champs et lui fait rêver le bonheur au delà des limites de son paisible foyer. Il voit la ville avec son prestige séduisant, et lui, qui ne l'a peut-être jamais traversée que dans les jours de fête, il se persuade que dans ces rues si parées, au milieu de ces gens si bien mis, on doit trouver l'existence la plus douce et la plus facile. Hélas! que de déceptions il s'épargnerait s'il appréciait mieux les avantages de sa condition!

C'est à une déplorable aberration que cèdent tous ces travailleurs qui désertent leurs villages dans l'espoir de trouver de meilleurs salaires dans les grands centres de travaux industriels. Quelques-uns, à la vérité, parviennent à y gagner ce qu'on appelle de *bonnes journées*, mais l'avantage qu'ils recueillent n'est qu'apparent; au fond leur calcul est faux, et rien n'est plus facile que de prouver que s'ils étaient restés chez eux, ils seraient beaucoup plus riches avec un gain beaucoup moindre. En effet, si, comme ouvriers, leur salaire est plus élevé, leurs charges sont plus grandes, leurs dépenses plus considérables. Il faut qu'ils pourvoient aux frais d'un logement presque toujours coûteux, même lorsqu'il est établi dans des conditions malsaines; ils sont obligés d'acheter tout ce qui est nécessaire à leur subsistance : pour eux, plus de terres, plus de jardin qui leur fournissent le pain, les légumes et les fruits; pour eux, les œufs, le lait, le beurre, sont devenus des objets de luxe; de sorte qu'en définitive, tout en dépensant beaucoup plus que l'homme des champs, ils sont beaucoup moins bien partagés que lui sous le rapport du bien-être matériel.

Et que reste-t-il de leurs bonnes journées, si on met encore dans la balance les chômages, les misères morales et physiques, et, pour un grand nombre d'entre eux, l'abandon de leur part dans les affouages et dans les autres jouissances communales?

Achevons notre comparaison.

Pour l'agriculteur instruit, aucun des phénomênes de la nature ne peut sembler indifférent : tout ce qui l'entoure lui fournit un sujet particulier d'intérêt et d'études. Toutes ses observations peuvent devenir utiles, car en élargissant le cercle de ses idées et de ses expériences, elles tendent à augmenter le bien-être de sa famille.

Chez l'ouvrier des villes, l'aspect de ce qui l'environne n'excite, le plus souvent, que sa convoitise ou ses regrets; il vit au milieu de séductions et de biens qu'il ne possédera jamais. Sa vie s'use dans l'atmosphère impure des ateliers ou par des labeurs excessifs et parfois dangereux.

Le laboureur lui, travaille au grand air : à côté de la fatigue, il trouve le principe de vie qui doit réparer ses forces, et ses travaux toujours variés sont toujours salutaires.

L'ouvrier dépend de son patron ou de son chef d'atelier ; si le commerce va mal, on diminue son salaire ou même on lui retire son ouvrage. Il a bientôt alors absorbé ses épargnes, souvent insuffisantes; s'il tombe malade, il se voit contraint à recourir à l'aumône, cette dernière ressource qui semble si dure à celui qui n'a rien à donner en échange de ce qu'il reçoit. Ajoutez à ce danger, celui des mauvais exemples auxquels l'ouvrier a tant de peine à se soustraire, et les déplorables extrémités auxquelles peuvent le réduire son imprévoyance ou de fâcheux entraînements.

Pour le laboureur, pas de chômages, pas de grève, pas de morte-saison. En été comme en hiver, chaque jour lui procure un travail assuré et fructueux ; il n'a jamais d'inquiétude pour sa subsistance du lendemain ; s'il tombe malade, il trouve dans ses voisins une fraternelle assistance pour la culture de ses champs, et il accepte ce secours sans embarras et sans humiliation, parce qu'il sait bien, qu'à son tour, lorsque l'occasion s'en présentera, il n'hésitera pas à rendre le même service.

Voyez aussi quel est le sort des enfants d'ouvriers : à peine en état de se conduire eux-mêmes, ils sont placésdans des fabriques, où des ouvrages trop appliquants ou au-dessus de leurs forces arrêtent leur développement moral et physique. Ils restent petits, pâles, chétifs, heureux encore si d'affreuses maladies ne les laissent pas estropiés ou valétudinaires pour le reste de leurs jours.

Les enfants des campagnes, au contraire, restent chez eux, au grand air et libres comme les oiseaux. C'est en se jouant qu'ils sont initiés aux travaux de leurs parents. Leur genre de vie les rend forts et bien portants. La fenaison, la vendange, la moisson sont autant de fêtes splendides et pures dont ils se réjouissent longtemps à l'avance, et c'est avec un bonheur sans mélange qu'ils les célèbrent sous le regard de Dieu qui les leur donne....

Ah! croyez-nous: fils de laboureurs, restez laboureurs!

§ II. — De l'Agriculture en général.

L'*Agriculture,* ainsi que l'indique l'étymologie de ce nom, c'est-à-dire, le sens des deux mots latins dont il est composé, signifie l'*art de cultiver les champs*. Elle comprend l'ensemble des travaux qui ont pour but de tirer de la terre, avec le moins de frais possible, la plus grande quantité des produits nécessaires à la nourriture ou au bien-être de l'homme et des animaux qu'il entretient.

Pour devenir bon cultivateur, la pratique ne suffit pas; il faut y joindre des notions théoriques.

La *théorie* est la connaissance raisonnée des principes sur lesquels repose l'art agricole; le nom de *pratique* se donne à l'application de ces principes.

La pratique, quand elle n'est pas éclairée par la théorie, se désigne plus particulièrement sous le terme dédaigneux de *routine.*

La routine est la plus dangereuse ennemie du progrès. Elle oppose le plus grave obstacle au développement de l'agriculture et aux améliorations dont elle est susceptible.

C'est par esprit de routine qu'un si grand nombre de cultivateurs n'agissent, dans tout ce qu'ils exécutent, que d'après ce qu'ils ont vu faire à leurs pères, sans s'inquiéter jamais s'ils ne pourraient pas faire mieux. C'est la routine qui repousse aveuglément toutes les innovations utiles et entretient dans les populations rurales ce funeste sentiment de défiance contre tout ce qui porte le nom de perfectionnement.

Mais la science, à son tour, ne doit pas être isolée de la pratique. Dans la pratique, on acquiert un esprit de prudence qui corrige ce que la science pourrait avoir de trop absolu, et qui ne fait accueillir qu'avec une certaine mesure les systèmes nouveaux dont la réelle valeur ne se révèle qu'après la consécration de l'expérience.

Questionnaire.

Qu'est-ce que l'Agriculture? — Quelles conditions faut-il réunir pour être bon cultivateur? — Qu'est-ce que la théorie? — Qu'est-ce que la pratique? — La pratique suffit-elle sans la théorie? — Quels sont les inconvénients de la routine? — La science agricole a-t-elle besoin d'être jointe à la pratique? — Pourquoi?

DEUXIÈME PARTIE.

DU SOL ET DES DIFFÉRENTS MOYENS DE LE PRÉPARER POUR LA CULTURE.

CHAPITRE PREMIER.

§ I. — Du Sol et du Sous-Sol.

Le premier objet d'études qui se présente à celui qui veut acquérir la science agricole, c'est, sans contredit, le SOL et ses diverses propriétés relativement à la végétation.

Le *sol*, au point de vue agricole, est cette couche superficielle de terre dans laquelle les plantes se développent et puisent leur nourriture.

Cette couche, dont l'épaisseur varie depuis quelques centimètres jusqu'à un mètre, s'appelle *terre végétale* ou *terre arable*.

On appelle *sous-sol* le terrain qui se trouve

immédiatement au-dessous du sol proprement dit.

La terre végétale se compose : 1° d'un principe minéral provenant de la décomposition des roches qui couvraient primitivement la surface du globe ;

2° D'une matière organique que l'on désigne sous le nom d'*humus* ou de *terreau*.

L'humus a pour origine des débris végétaux et animaux qui, à la longue, sous l'influence réunie de l'air, de l'eau et de la chaleur se sont transformés en une substance noire, onctueuse au toucher et presque insoluble dans l'eau.

Cette dernière partie constitue la richesse du sol, le principe le plus actif de sa fertilité.

§ II. — Des Terres cultivables.

On distingue les terres arables, quant à leurs qualités, en : 1° terres franches ; 2° terres fortes ; 3° terres légères ; 4° terres chaudes ou brûlantes ; 5° terres froides.

1° Des Terres franches. — Ce sont celles qui réunissent les meilleures conditions pour la culture. Également perméables à l'eau, à l'air et à la chaleur, riches en humus, ni trop friables, ni trop pâteuses, elles se travaillent facilement et ne consomment pas trop promptement les engrais.

2° Des Terres fortes. — On appelle ainsi celles qui sont compactes, lourdes, difficiles à travailler. L'argile ou terre-glaise domine dans leur composition. Quoique d'une culture coûteuse, elles donnent un excellent rendement, quand elles sont convenablement fumées et drainées.

3° Des Terres légères. — On comprend sous cette dénomination, celles qui sont principalement composées de sable et qui, par ce motif, ont très-peu de consistance. Elles exigent le moins de force pour le labour, et peuvent se travailler en toute saison; mais elles sont généralement d'un faible rapport.

4° Des Terres chaudes. — Dans cette catégorie, on range les terres qui retiennent difficilement l'humidité et qui, par ce motif, s'échauffent le plus en été et se refroidissent le plus rapidement en hiver. Généralement, les terres légères sont en même temps des terres chaudes. Les terres calcaires, c'est-à-dire, celles où la chaux domine, sont appelées brûlantes parce qu'elles consomment très-promptement les engrais et qu'elles s'échauffent en été, au point de brûler, pour ainsi dire, toute végétation.

5° Des Terres froides. — On dit qu'une terre est froide lorsque l'argile ou la glaise entre pour les trois quarts dans sa composition et que son sous-sol peu profond est très-compact. Par leur nature, les terres froides sont toujours très-humides et ne sont susceptibles d'un bon revenu qu'au moyen de drainage.

En général, les moyens par lesquels le sol est préparé pour la culture, peuvent se classer ainsi : 1° les amendements ; 2° les engrais ; 3° les labours ; 4° le drainage ; 5° les irrigations.

Questionnaire.

Quel est le premier objet d'études pour celui qui veut acquérir la science agricole ? — Qu'est-ce que le sol ? — Quelle est l'épaisseur de la couche végétale ? — Qu'est-ce que le sous-sol ? — De quoi se compose la terre végétale ? — Qu'est-ce que l'humus ? — Comment se divisent les terres, quant à leurs qualités ? — Qu'est-ce que les terres franches ? — Qu'est-ce que les terres fortes ? — Qu'est-ce que les terres légères ? — Qu'est-ce que les terres chaudes et froides ? — Comment se classent les moyens qui servent à la préparation du sol pour la culture ?

CHAPITRE II.

Des Amendements et des Stimulants.

§ I. — Des Amendements.

Le mot *amender*, dans son acception générale, signifie corriger. On donne le nom d'*amendements*, en agriculture, aux substances qui corrigent la nature d'un sol, c'est-à-dire qui le modifient de manière à le rendre plus propre à la culture.

La terre est généralement composée de trois éléments principaux, savoir : de sable, d'argile et de chaux. Chacun de ces éléments est improductif par lui-même; tous trois doivent se trouver combinés dans une certaine mesure pour former un terrain propre à la végétation. C'est dans le rétablissement des proportions de ce mélange que consiste l'art des amendements. Par exemple, on amende un terrain argileux en y mêlant une matière sablonneuse, et un terrain où le sable prédomine en y ajoutant une matière argileuse, c'est-à-dire qui contient de la *glaise*, etc.; c'est ainsi qu'on ameublit le sol lorsqu'il est trop compact, qu'on lui donne de la consistance lorsqu'il est trop léger, et qu'on augmente son humidité lorsqu'il est trop sec.

Il est donc de la plus haute importance de porter son attention sur la composition de ses terres pour pouvoir faire le choix le plus judicieux des substances propres à les améliorer.

Une considération essentielle doit aussi guider dans le choix des amendements : c'est leur prix de revient. En cette matière, comme en toute autre, il faut que la dépense soit calculée d'après le produit qu'on espère : on ne doit, par conséquent, employer comme amendements, que les substances qu'il est possible de se procurer en abondance et à bas prix.

Les meilleurs amendements sont la *marne* et la *chaux*.

QUESTIONNAIRE.

Quelle est la signification du mot *amendement*? — Quels sont les principaux éléments qui entrent dans la composition du sol? — Chacun des ces éléments pris isolément est-il propre à la végétation? — Comment les amendements modifient-ils la composition du sol? — Avant d'amender un terrain quel est l'examen qu'il faut faire? — Indépendamment du choix de l'amendement le plus propre à amender un terrain, quelle considération doit le faire adopter ou rejeter? — Quels sont les meilleurs amendements?

DE LA MARNE. — La marne est une terre composée, en proportions variables, d'argile, de chaux et de sable.

Suivant qu'elle renferme une quantité plus ou moins considérable de ces trois éléments, elle prend le nom de *marne argileuse*, de *marne calcaire* et de *marne sablonneuse*.

Dans l'emploi de ces diverses sortes de marnes, comme amendements, il faut avoir soin de les approprier, suivant leur espèce, à la nature du sol.

Ainsi, c'est la *marne argileuse*, c'est-à-dire,

celle où il y a le plus d'argile, qui convient aux terres sablonneuses. Elle augmente leur consistance et empêche qu'elles se dessèchent trop promptement.

Au contraire, dans les terres fortes et compactes, il faut employer la *marne sablonneuse*, c'est-à-dire, celle dans la composition de laquelle le sable domine. Son effet sur ces terres, est de les rendre plus légères et plus pénétrables à l'air et à l'eau.

La *marne calcaire* qui contient principalement de la chaux, est celle qu'il faut mélanger de préférence aux terrains argileux.

La quantité de marne nécessaire pour amender un terrain est subordonnée à trois circonstances principales, savoir : 1° la nature du sol ; 2° la nature de la marne ; 3° la durée qu'on veut donner à l'amélioration. Plus la marne est calcaire, moins il en faut ; plus le sol est sablonneux, plus il a besoin de marne argileuse. Dans ce dernier cas, on ne met pas moins de 80 voitures de marne par hectare ; sur les terrains argileux, la quantité nécessaire de marne calcaire ou sablonneuse varie entre 20 et 60 voitures par hectare.

L'opération qui consiste à amender le sol de cette manière s'appelle *marnage*. C'est l'automne qui est la saison la plus favorable pour la pratiquer.

La marne se reconnaît toujours aux deux caractères suivants : elle se délite, c'est-à-dire, se délaye dans l'eau, et, mélangée avec les acides, elle produit un bouillonnement qui est d'autant plus fort que la marne renferme plus de chaux.

Le *marnage*, comme tout autre amendement, ne dispense pas de fumer les terrains auxquels on l'applique. Il est même nécessaire, pour que cette opération produise tous ses effets, de la compléter par une forte fumure.

Questionnaire.

Donnez la définition de la marne. — Quelles sont les différentes qualifications que prend la marne suivant sa composition ? — Quel soin faut-il prendre dans l'emploi de ces différentes sortes de marnes ? — Qu'est-ce qui détermine la quantité de marne nécessaire pour amender un terrain ? — Comment s'appelle l'opération qui consiste à amender par la marne ? — Comment se reconnaît la marne ? — Le marnage dispense-t-il de l'emploi des engrais ?

De la Chaux—La chaux calcinée * ne convient comme amendement, que sur les sols qui ne renferment pas de principe calcaire. Pour s'assurer qu'un terrain contient suffisamment de chaux, on en fait sécher une petite quantité, puis on jette dessus quelques gouttes d'acide nitrique (eau forte) ou de vinaigre très-fort: toutes les fois qu'il se produit alors bouillonnement ou effervescence, on peut être sûr que ce terrain renferme plus ou moins de chaux; si l'acide reste sans effet, on a la preuve que le terrain est privé de cet élément et, par conséquent, qu'il a besoin d'être *chaulé*. Sans recourir à cette expérience, on reconnaît à un autre signe que la chaux peut être employée avec avantage sur un terrain: c'est lorsqu'on y voit croître sans culture et s'y développer avec abondance, certaines plantes, telles que la fougère, l'oseille rouge, la bruyère, l'avoine à chapelet et les arbres résineux.

On appelle *chaulage* l'opération qui consiste à mêler une certaine quantité de chaux à la terre. Le chaulage s'exécute ordinairement en automne. On dépose les pierres à chaux, au sortir du four,

* C'est-à-dire qui a été soumise à l'action du feu.

en petits tas sur le champ; on les recouvre complétement d'une légère couche de terre et on les laisse dans cet état une quinzaine de jours, pendant lesquels la chaux finit par se réduire en poussière; on la répand alors à la pelle sur toute la superficie et on l'enterre au moyen d'un labour peu profond.

La chaux, comme la marne, ameublit la terre, l'échauffe et y détruit les plantes parasites ou mauvaises herbes.

La quantité de chaux que l'on doit employer se détermine d'après les mêmes circonstances que pour la marne; mais il faut proportionnellement moins de chaux que de marne pour amender un terrain.

En général, cette quantité est de 40 à 50 hectolitres par hectare. Mais dans certaines terres extrêmement argileuses et presque privées de tout principe calcaire, il faut porter cette quantité jusqu'à 180 hectolitres par hectare. Les terres légères et sèches, au contraire, sont celles qui en exigent le moins. Sur un terrain très-sablonneux, le marnage est d'un effet presque nul. Les récoltes peuvent ressentir l'effet d'un bon chaulage pendant douze ou quinze ans.

Questionnaire.

Quels sont les terrains auxquels la chaux calcinée convient comme amendement ? — Par quel moyen peut-on s'assurer qu'un terrain renferme suffisamment de chaux ? — Quels sont les autres indices auxquels on reconnait qu'un terrain n'est pas calcaire ? — Comment s'appelle l'opération qui consiste à mêler de la chaux à la terre ? — A quelle époque doit se faire le chaulage ? — Comment se pratique cette opération ? — Quel est l'effet de la chaux sur la terre ? — En quelle quantité doit-on l'employer ? — Pendant combien d'années peut durer l'effet d'un bon chaulage ?

Du Sable et de l'Argile employés comme amendements. — A défaut de marne et de chaux, qui sont les amendements par excellence, quelques auteurs recommandent l'emploi du sable pour améliorer les terres argileuses, ou l'usage de l'argile comme propre à modifier la constitution des sols sablonneux. Non-seulement ce mode d'amendement présente de grandes difficultés à cause de la grande quantité de sable ou d'argile qu'il serait nécessaire de transporter; mais la pratique a démontré qu'on n'obtenait pas toujours ainsi des résultats satisfaisants; il semble, en effet, que le sable et l'argile peuvent bien se mélanger, mais se combinent difficilement entre eux. Ce n'est que lorsqu'un terrain sablonneux présente un sous-sol argileux, et réciproquement, lorsqu'un terrain argileux repose sur un sous-sol sablonneux, qu'on peut obtenir à la longue un mélange avantageux, en ramenant, par un labour profond, le sous-sol à la surface.

QUESTIONNAIRE.

Pourquoi le sable et l'argile ne peuvent-ils pas servir d'amendement l'un à l'autre? — Dans quel cas et comment est-il avantageux de mélanger le sable avec l'argile?

§ II. — Des Stimulants.

On donne le nom de *stimulants* à des substances qui, sans modifier précisément la nature du sol, comme les amendements proprement dits, ont une influence plus directe sur la végétation, en excitant les organes des plantes à puiser plus de nourriture dans la terre et dans l'atmosphère.

En d'autres termes, les amendements agissent d'une manière, pour ainsi dire *mécanique*, tandis que l'action des stimulants sur le sol est purement *chimique*.

Les stimulants les plus usités sont : les *cendres* et le *plâtre*.

LES CENDRES. — Les *cendres* s'emploient surtout avec succès sur les prairies, où elles détruisent les mousses et les joncs, et favorisent la végétation des bonnes herbes telles que le trèfle-fraise.

DU PLATRE. — Le *plâtre* est principalement favorable aux plantes légumineuses. Il ne convient pas aux prairies naturelles. On le répand à la main vers la fin d'avril ou au commencement de mai, lorsque les plantes ont déjà quelques centimètres de hauteur.

Le plâtre semé en même temps que la graine produit aussi de très-bons effets.

Il s'emploie ordinairement à raison de 3 à 4 hectolitres par hectare.

On doit l'introduction de cet amendement à Francklin, célèbre agronome américain. On raconte que dans le but de vaincre la résistance qu'opposait la routine à la propagation de sa nouvelle méthode, et pour faire éclater son utilité à tous les yeux, il fit répandre sur un vaste champ de trèfle, disposé en pente, une certaine quantité de plâtre de manière à former avec la matière semée cette phrase, représentée en gros caractères: *Ceci a été plâtré.* Au moment de la semaille la phrase n'était pas lisible; mais au bout d'un certain temps la végétation se développa avec une telle vigueur que l'inscription trancha alors en vert foncé sur la couleur beaucoup moins vive du reste du champ. Tous les passants purent la lire, et nul ne douta plus de l'efficacité d'un procédé si ingénieusement vulgarisé.

Questionnaire.

A quel genre de substances donne-t-on le nom de stimulants? — Quelle différence y a-t-il entre les amendements et les stimulants, quant à leur mode d'action? — Quels sont les stimulants les plus usités? — A quels sols les cendres conviennent-elles le mieux? — Pour quel genre de végétaux, le plâtre est-il le plus avantageux? — A quelle époque répand-on le plâtre sur les plantes? — Quelles sont les deux manières de le semer? — En quelle quantité faut-il l'employer? — A quel agronome doit-on l'invention de cet amendement? — Par quel moyen son inventeur en a-t-il propagé l'usage ?

CHAPITRE III.

Des Engrais.

Les engrais sont des matières qui, mélangées avec la terre, la fertilisent en servant de nourriture aux plantes.

Il ne faut pas les confondre avec les amendements qui n'agissent que sur le sol même et l'améliorent d'une autre façon; par exemple, en le divisant lorsqu'il est trop compact ou en lui donnant plus de consistance lorsqu'il est trop léger.

Les engrais sont indispensables à la culture, parce que chaque récolte enlève à la terre une partie de ses sucs, et que, si on ne les lui rendait pas au moyen des engrais, elle serait bientôt épuisée.

Il y a trois espèces d'engrais : les engrais animaux, les engrais végétaux et les engrais mixtes ou fumiers.

§ I. — Engrais animaux.

Les engrais composés de matières animales sont les plus actifs, mais aussi les moins durables.

Les débris animaux les plus employés comme engrais, sont : le *sang*, les *os broyés*, les *matières fécales*.

Les *urines* qui s'écoulent des étables, et qu'on nomme alors *purin*, doivent être recueillies avec soin dans des fosses pratiquées à cet effet, ou suivant l'usage plus général, dans un tonneau enterré. On en humecte le fumier quand il est trop sec, et on s'en sert aussi avec beaucoup d'avantages pour arroser, au printemps, les prairies naturelles ou artificielles, et les terres ensemencées de lin, de tabac, de colza ou d'autres plantes du même genre. C'est donc un grand tort de la part des cultivateurs de laisser s'écouler sans profit ces engrais liquides dans leurs cours ou sur la voie publique. Non-seulement, on se prive ainsi d'une véritable richesse, mais on entretient autour des habitations des cloaques infects, qui sont une cause permanente d'insalubrité à cause des miasmes qui s'en exhalent.

Quand on se sert d'engrais liquides pour arroser les terres, il faut avoir soin d'y ajouter au moins une fois leur volume d'eau, car à l'état pur, ils sont tellement forts qu'ils exerceraient une action corrosive sur les plantes, et seraient, par conséquent, plus nuisibles qu'utiles.

Les matières fécales humaines constituent aussi un excellent engrais; on les emploie soit à l'état liquide et on les nomme alors *gadoue*, soit desséchées et réduites en poudre; dans cet état, cet engrais est connu sous le nom de *poudrette*.

L'engrais le plus actif que nous connaissions est le *guano*. Il existe en dépôts considérables sur certaines côtes de l'Amérique du Sud. On n'en connaît pas exactement l'origine, mais on suppose généralement qu'il provient des déjections accumulées depuis des siècles par des millions d'oiseaux de mer qui vivent dans ces parages inhabités. Le guano du Pérou est le plus riche. On l'emploie pour la culture du froment à la dose de 250 à 300 kilogrammes par hectare. Il vaut en moyenne 30 fr. les 100 kilogrammes dans les ports de mer. Malheureusement la fraude s'est introduite dans le commerce de ce précieux engrais, et on ne saurait prendre trop de précautions pour ne pas être trompé quand on en achète. Un des moyens qu'on peut employer, pour s'assurer de sa bonne qualité, est d'en mêler une petite quantité avec de la cendre chaude. Si l'odeur qui se dégage de ce mélange est excessivement nauséabonde, et si elle a pour effet de piquer les yeux, on peut en acheter de confiance, car cette expérience révèle la présence d'une forte quantité d'ammoniaque, qui forme la base principale de cet engrais.

Enfin, il y a beaucoup de débris animaux qui peuvent être utilisés comme engrais et dont malheureusement on ne tire souvent aucun parti. La chair des animaux qui périssent de maladie, le sang des animaux abattus, les poils, les râpures de cornes, les plumes sont autant d'engrais qui ont une grande vertu fertilisante; et cependant bien des cultivateurs ignorants se privent de cette ressource: dans un grand nombre de fermes, il se perd ainsi plusieurs centaines de francs de bons engrais. Les vieux chiffons de laine valent dix fois mieux, comme engrais, que le meilleur fumier. Aussi, depuis quelques années, cette sorte de débris est-elle très-recherchée par les agronomes intelligents.

Questionnaire.

Qu'appelle-t-on engrais? — Quelle différence y a-t-il entre les engrais et les amendements? — Pourquoi les engrais sont-ils indispensables à la culture? — Combien compte-t-on d'espèces d'engrais? — Quelle est la propriété des engrais animaux? — Quels sont les débris animaux les plus employés comme engrais? — Qu'est-ce que le purin? — Quel est son emploi? — Par quels motifs doit-on le recueillir avec soin? — Peut-on employer le purin sans mélange? — Les matières fécales humaines sont-elles un bon engrais? — Quel nom leur donne-t-on à l'état liquide et à l'état solide? — Quel est le plus actif de tous les engrais animaux? — Dans quelles contrées recueille-t-on le guano, et quelle est son origine? — A quelle dose faut-il l'employer? — De quel moyen faut-il se servir pour s'assurer de la qualité du guano? — Quels sont les débris animaux qu'on peut utiliser comme engrais ? — Quelle est la valeur des chiffons de laine comme engrais ?

§ II. — Engrais végétaux.

On appelle *engrais végétaux* ceux qui se composent de plantes ou de débris de plantes.

On désigne particulièrement sous le nom d'*engrais verts* ceux qui proviennent des récoltes qu'on enfouit dans le sol avant leur maturité, au moyen d'un labour profond. Les plantes qui conviennent le mieux pour cet usage sont celles qui se développent le plus vite et dont la graine a le moins de valeur comme, par exemple, le sarrazin, le trèfle commun après une première coupe, le lupin, la spergule. Mais ce mode d'engraisser les terres étant très-coûteux, on n'y a recours que lorsqu'on manque de fumiers, ou lorsque le champ est trop éloigné des bâtiments de l'exploitation. Enfin on peut utiliser ainsi les débris de récoltes ravagées par la grêle, ou qui, par d'autres causes, ne promettent pas de résultats.

Le moment de la floraison est l'époque la plus favorable pour enfouir les engrais verts.

Parmi les autres engrais végétaux, il faut

mentionner : 1o les *tourteaux* qui sont des résidus des graines employées à la fabrication de l'huile. Non-seulement, ils constituent un engrais très-puissant, mais ils ont encore la vertu de préserver les champs des insectes nuisibles ;

2o Les *marcs* de raisin, de pommes ou de poires. Ces matières ne fournissent qu'un engrais médiocre, qu'il ne faut cependant pas négliger. Il est bon de les laisser fermenter, ou de les mélanger de chaux avant de les employer ;

3o Enfin, les *varechs,* qu'on recueille sur les bords de la mer, constituent le plus riche de tous les engrais végétaux ; mais ils ne sont à la portée que des cultivateurs qui habitent les côtes.

Questionnaire.

Qu'appelle-t-on engrais végétaux ? — Qu'est-ce que les engrais verts ? — Quelles sont les plantes qui conviennent le mieux comme engrais verts ? — Quels sont les cas dans lesquels on se sert des engrais verts ? — Quelle est l'époque la plus convenable pour enfouir les engrais verts ? — Quelles sont les autres matières végétales qui peuvent servir d'engrais ?

§ III. — Engrais mixte.

L'*engrais mixte* est ainsi appelé parce qu'il consiste en un mélange de matières animales et végétales.

Dans cette classe, il faut, en première ligne, ranger les fumiers qui sont un composé des déjections des animaux mêlées à leurs litières.

De tous les engrais, le fumier est le plus important: sans fumier, il n'y a point de bonnes terres; avec du fumier, il n'y en a point de mauvaises.

Le succès de toute culture dépend principalement: 1° de l'abondance et de la qualité des fumiers; 2° des soins à donner à leur conservation et à leur emploi.

D'abord, pour se procurer la plus grande quantité possible de fumiers, il est essentiel d'entretenir le bétail à l'étable plutôt que de le nourrir au pâturage. On obtient ainsi quatre ou cinq fois plus d'engrais. En second lieu, il est indispensable d'avoir un aussi grand nombre de bestiaux qu'il est possible d'en entretenir.

La qualité et l'abondance des fumiers sont en raison directe de l'abondance et de la qualité de la nourriture donnée aux bestiaux. Ainsi, les bestiaux maintenus en bon état, produisent un fumier meilleur et plus abondant que les animaux malades ou mal nourris. Une bonne et épaisse litière contribue aussi à la qualité du fumier. La paille vaut mieux comme litière que les feuilles sèches. En effet, le fumier *pailleux* n'agit pas seulement sur le sol comme engrais, mais il a encore une autre action très-utile, surtout dans les terres fortes, en les soulevant et en les divisant de manière à y laisser pénétrer la bienfaisante influence de l'air extérieur.

Questionnaire.

Quelle est la sorte d'engrais qu'on appelle *engrais mixte*? — Quel est le principal engrais mixte? — Le fumier est-il indispensable à la culture? — Comment faut-il s'y prendre pour avoir la plus grande quantité possible de fumier? — Fait-on bien de nourrir ses bestiaux au pâturage? — Quel nombre de bestiaux un bon cultivateur doit-il avoir? — De quelle circonstance dépend la qualité du fumier? — Pourquoi la paille vaut-elle mieux comme litière que les feuilles?

Des diverses sortes de Fumiers. — On divise les fumiers, quant à leur action sur le sol, en *fumiers chauds* et en *fumiers froids*. Les fumiers chauds sont ceux des chevaux et des moutons: ils sont plus actifs, se décomposent plus rapidement et conviennent aux terres fortes et humides. Les fumiers froids proviennent des bêtes à cornes: ils sont préférables pour les terrains légers et sablonneux, en raison de leur action plus lente et plus durable.

La manière de traiter le fumier doit varier suivant la nature du sol des exploitations. Plus les terres sont légères et sablonneuses, plus il faut s'attacher à faire des fumiers gras et énergiques. Pour les terres fortes ou argileuses, il convient que le fumier soit pailleux, et, à cet effet, il faut donner plus de litière aux bestiaux et la renouveler plus souvent.

Mais un principe général, applicable à toutes natures de terre et d'engrais, c'est que le *jeune fumier vaut mieux que le vieux*. Si cela était possible, il faudrait enfouir le fumier à mesure qu'il se produit. Un trop long séjour dans les fosses lui est plus nuisible qu'utile, car il perd sa force avec les gaz qui s'en échappent dans la fermentation. C'est donc un préjugé de croire que le fumier, tout à fait décomposé et passé à l'état de *beurre noir*, est le meilleur. Au contraire, il a perdu alors plus des *trois quarts* de ses qualités, outre qu'il est difficile de le répandre également.

Par le même motif, il faut éviter de laisser longtemps le fumier en tas, sur les terres, avant de l'enterrer. Cette pratique, malheureusement trop répandue, est très-mauvaise; car elle a l'inconvénient de faire dessécher le fumier et de lui faire perdre, par l'évaporation, la plus grande partie de ses principes fertilisants. On a donc dit, avec raison de celui qui suit cette méthode, qu'il *mange son bien au soleil*.

Questionnaire.

Quelle distinction fait-on entre les différents fumiers au point de vue de leur action sur le sol? — Quels sont les fumiers chauds? — Quelles sont les propriétés des fumiers chauds? — Quels sont les fumiers froids? — Quelles sont leurs propriétés, et à quelle espèce de terre conviennent-ils? — Que faut-il observer, quant à la manière de traiter le fumier? — Le fumier frais est-il préférable au fumier qui a déjà fermenté? — Pourquoi

le vieux fumier est-il moins bon? — Est-il avantageux de laisser le fumier en tas sur les terres avant de l'enterrer? — Pourquoi cette pratique est-elle mauvaise?

Conservation des Fumiers. — Il y a diverses précautions à prendre dans l'intérêt de la conservation du fumier. Ainsi, il faut avoir soin de le disposer en plusieurs tas, dans une fosse ou préférablement sur une plate-forme bien battue, ayant une légère pente, pour que le purin s'écoule vers un réservoir creusé au pied de cette plate-forme.

On doit, en second lieu, éviter que le fumier soit trop exposé au soleil qui le sèche et en pompe les sucs. A cet effet, il est bon de l'installer sous un hangar comme cela se pratique en Angleterre, ou sous de grands arbres feuillus. Enfin, pour empêcher le fumier de moisir pendant les sécheresses, il est important de l'arroser avec du purin ou avec de l'eau. L'emploi du plâtre en poudre est aussi très-utile, parce qu'il empêche l'évaporation des principes volatils contenus dans le fumier, et les y fixe en les convertissant en sels.

Questionnaire.

Quelles sont les précautions qu'il faut prendre pour bien conserver le fumier ? — Comment doit-on le disposer ? — Par quel moyen peut-on empêcher le fumier de se dessécher ? — Comment l'empêche-t-on de moisir pendant les sécheresses ? — Quelle est l'utilité du plâtre jeté sur le fumier ?

Emploi des Fumiers. — La quantité de fumier nécessaire pour fumer un terrain, varie suivant la nature de ce terrain, l'espèce des plantes qu'on veut cultiver et les qualités du fumier lui-même. En général, on peut se guider à cet égard d'après les principes suivants :

Dans les terres chaudes, sèches ou légères, les engrais se décomposent promptement, il ne leur faut donc qu'une fumure légère et des engrais froids souvent renouvelés.

Les terrains froids et compacts, en d'autres termes, les terres fortes, supportent une grande masse d'engrais, et en conservent plus longtemps les effets. On peut donc leur donner une forte fumure et en retirer plusieurs récoltes successives avant qu'ils aient besoin d'être fumés de nouveau.

Enfin, en ce qui concerne le rapport qu'il y a entre la quantité de fumier et la nature des plantes qu'on veut cultiver, on a remarqué que plus ces plantes donnent de feuilles ou de surfaces feuillues, plus il leur faut de fumier. Celles qui en exigent le plus, sont les betteraves, le tabac, le chanvre, le maïs. En moyenne, on met trente-cinq mille kilogrammes par hectare pour une bonne fumure ordinaire.

Il y a une seconde espèce d'engrais mixte qu'on nomme *compost*: c'est un mélange de débris animaux ou végétaux avec de la terre. Le grand avantage de cet engrais, c'est qu'il fournit un moyen de tirer parti d'une foule de déchets. Pour le cultivateur soigneux, il n'y a pas de mauvaises herbes, de balayures de fermes, de sciures de bois, de débris de chanvre, qui ne puissent être utilisés de cette manière. Les composts sont surtout bons sur les prairies; ils conviennent aussi aux terres qui ne sont ni trop fortes ni trop légères.

QUESTIONNAIRE.

Sur quoi faut-il se baser pour savoir quelle est la quantité de fumier nécessaire pour fumer un terrain? — Existe-t-il des principes généraux sur lesquels on peut se guider à cet égard? — Quels sont ces principes en ce qui concerne les terres chaudes et les terres froides? — Quels sont ces principes en ce qui concerne la nature des plantes qu'on veut cultiver? — Énumérez les plantes qui exigent le plus d'engrais. — Combien faut-il de mille kilogrammes de fumier par hectare pour une bonne fumure ordinaire? — N'y a-t-il pas d'autre engrais mixte que le fumier? — Quel est l'engrais qu'on appelle *compost*? — Quel est l'avantage de cet engrais? — A quelles terres conviennent particulièrement les composts?

CHAPITRE IV.

Des Instruments aratoires.

On appelle *instruments aratoires*, tous les outils, machines et ustensiles qui servent à la culture des terres.

Il y en a deux catégories : 1° ceux qui sont employés pour les travaux exécutés avec l'aide des attelages; 2° ceux qui servent pour la culture à bras.

Les plus usités de la première catégorie

sont : la *charrue*, la *herse*, le *rouleau*, l'*extirpateur*, le *scarificateur* et la *houe à cheval*.

§ I. — De la Charrue.

De tous les instruments dont on se sert pour la culture, le plus indispensable est la charrue. Elle sert à couper la terre, à la soulever et à la retourner.

Toutes les espèces de charrues peuvent se rapporter à deux types principaux : 1° la charrue *à avant-train ;* 2° la charrue *sans avant-train*, dite *araire*.

Toute charrue est composée des pièces suivante : le *coutre*, le *soc*, le *versoir* ou *l'oreille*, le *sep*, l'*âge* et les *mancherons*.

1° Le Coutre est une longue lame d'acier en forme de couteau, fixée la pointe en bas, en avant du soc, auquel il ouvre le passage *.

2° Le Soc est la partie la plus essentielle de la charrue. C'est une pièce de fonte ou d'acier, de forme triangulaire, destinée à couper hori-

* Il serait bon, pour la parfaite intelligence de ces descriptions, que l'instituteur représentât successivement, sur le tableau noir, tous les instruments ou parties d'instruments qui font l'objet de ce chapitre.

zontalement la portion de terre qui a été tranchée verticalement par le coutre.

3° Le VERSOIR soulève et renverse la terre qui a été coupée verticalement par le coutre et horizontalement par le soc. Cette pièce importante est ordinairement en bois pour les labours des terres argileuses qui glissent sur sa surface au lieu de s'y attacher; dans les terrains pierreux, il est bon que le versoir soit recouvert de plaques de tôle; enfin, dans les charrues perfectionnées, le versoir est en fonte ou en fer.

4° Le SEP est la partie de la charrue qui soutient tout l'instrument et qui glisse au fond du sillon. En raison du frottement considérable que supporte le sep, il est essentiel que cette pièce soit garnie de bandes de fer. Plus le sep est long, plus la marche de la charrue est régulière et plus il est facile de la manier.

5° L'AGE ou la FLÈCHE est la pièce à laquelle s'adapte par un bout, l'avant-train et l'attelage, par l'autre, les mancherons. L'âge doit être forte et faite de bois de bonne qualité.

6° Les MANCHERONS sont les deux poignées attachées à l'arrière de la charrue, et dont le laboureur se sert pour la diriger.

La forme de la charrue et la disposition de ses pièces varient, pour ainsi dire, dans chaque pays.

En général, la meilleure charrue est celle par laquelle on obtient le travail le plus prompt et le plus parfait avec le moins de force possible.

Parmi les charrues perfectionnées, celle qui paraît réunir au plus haut degré ces conditions, est la *charrue Dombasle*.

On désigne sous le nom de *charrue fouilleuse,* une charrue sans versoir, dont on se sert quand on veut ameublir le sous-sol sans le ramener à la surface, ni le mêler à la bonne terre du dessus.

Enfin, on nomme *buttoir*, une charrue munie d'un versoir double. On l'emploie pour réunir la terre au pied des touffes de pommes de terre, de maïs et d'autres plantes qui ont besoin d'être buttées, ou pour former des fossés d'écoulement.

QUESTIONNAIRE.

Qu'est-ce que les instruments aratoires ? — En combien de catégories peut-on les classer ? — Quels sont les instruments dont on se sert avec attelages? — Quel est le plus important de ces instruments? — Quelles sont les deux principales sortes de charrues? — Quelles sont les différentes pièces qui composent une charrue? — Qu'est-ce que le coutre? — Qu'est-ce que le soc? — Qu'est-ce que le versoir? — Qu'est-ce que le sep? — Qu'est-ce que l'âge et les mancherons? — Quelles sont les conditions que doit remplir une bonne charrue? — Quelle est la charrue perfectionnée qui est considérée comme la meilleure? — Qu'est-ce qne la *charrue fouilleuse*? — Qu'est-ce que le buttoir?

§ II. — De la Herse.

La *herse* est un instrument qui consiste en un châssis en bois, armé de dents en bois ou en fer.

On s'en sert : 1° après les labours, pour briser et diviser les mottes de terre; 2° après les semailles, pour enterrer les semences; 3° sur les prairies, pour enlever les mousses et favoriser la croissance des bonnes graminées. Pour bien fonctionner, il faut que la herse soit construite de manière à ce que les raies qu'elle forme sur le sol soient à égale distance les unes des autres, sans qu'aucune des dents ne marche dans la raie tracée par les dents qui la précédent. Il faut en outre que les dents soient assez espacées pour que la terre ne s'arrête pas entre elles.

La herse à dents de bois est suffisante pour les terres légères; mais pour les terres fortes et pour les sols pierreux, une herse pesante et à dents de fer devient indispensable.

La forme des herses est très-variée: il y en a qui sont disposées en triangle, d'autres en losange; celles qui passent pour les meilleures sont celles dites *Valcourt* qui représentent un carré oblique ou parallélogramme.

§ III. — Du Rouleau.

Le *rouleau* est un cylindre en bois, en pierre ou en fonte qui roule autour de son axe. Cet instrument sert à briser les mottes qui ont résisté à l'action de la herse, à tasser les sols légers pour qu'ils conservent plus de fraîcheur, et, enfin, à enterrer ou à rehausser les semences.

§ IV. — De l'Extirpateur.

L'*extirpateur* consiste en un châssis de bois, semblable à celui d'une herse triangulaire, muni, au lieu de dents, d'un certain nombre de socs sans versoir. On emploie cet instrument principalement dans le but d'*extirper*, c'est-à-dire, de couper entre deux terres les mauvaises herbes qui s'y trouvent. Il est, en outre, d'un effet très-utile pour ameublir le sol, et pour couvrir les semences qui demandent à être enterrées à une certaine profondeur.

L'extirpateur peut remplacer avec avantage la charrue, toutes les fois qu'on n'a besoin que d'un labour peu profond.

§ V. — Du Scarificateur.

Le *scarificateur* ne diffère de l'extirpateur qu'en ce que, au lieu de socs, son châssis est armé d'autant de coutres qui coupent verticalement la terre sans la déplacer.

On fait usage de cet instrument principalement dans trois cas : 1° lorsqu'au printemps on veut semer sur un labour d'hiver; 2° lorsqu'une terre a été fortement durcie par l'effet de la pluie suivie de chaleur; 3° lorsqu'un terrain a été tellement envahi par les mauvaises herbes, qu'il est nécessaire de les ramener à la surface pour donner prise à la herse.

§ VI. — De la Houe à cheval.

La *houe à cheval* est une sorte de charrue légère, tirée par un seul cheval et armé de plusieurs socs en forme de fers à lance et de couteaux.

Cet instrument offre le moyen de faire, à peu de frais, le binage des plantes sarclées, c'est-à-dire, semées en ligne. L'objet du binage est de détruire les mauvaises herbes, et de donner au terrain une façon très-utile à la végétation.

QUESTIONNAIRE.

Donnez la définition de la herse. — Dans quelles circonstances en fait-on usage ? — Que faut-il observer pour faire un bon hersage ? — De quelle matière doivent être les dents de la herse ? — Y a-t-il des herses de différentes formes ? — Quelle est la forme qui passe pour la meilleure ? — Qu'est-ce que le rouleau ? — A quoi sert cet instrument? — Qu'est-ce que l'extirpateur et quel en est l'usage? — Dans quel cas l'extirpateur peut-il remplacer un labour à la charrue? — Donnez la définition du scarificateur. — Quels sont les cas dans lesquels on se sert de cet instrument ? — Qu'est-ce que la houe à cheval et quelle en est l'utilité?

CHAPITRE V.

Des Labours.

De tous les travaux agricoles, les *labours* sont les plus importants et les plus utiles.

Ils ont pour objet : 1° d'ouvrir le sol aux influences atmosphériques, c'est-à-dire, d'y faire pénétrer l'air, l'eau de pluie et la chaleur ; 2° d'en mélanger les différentes parties de manière à les rendre plus propres à la végétation ; 3° de l'ameublir et de favoriser ainsi le développement des racines ; 4° d'en faire disparaître les mauvaises herbes. Ils servent, en outre, à enfouir les fumiers et à enterrer les semences.

On désigne plus particulièrement sous le nom de *façons*, les labours donnés par des instruments autres que la charrue.

Le travail, fait à la bêche et à la houe, est cependant le meilleur labour; mais il est presqu'impraticable dans la grande culture, à cause de son prix élevé. Il n'est possible qu'aux petits propriétaires, et ne sert aux grands cultivateurs que pour les défrichements et les défoncements.

Plus les terres sont fortes, plus les labours sont utiles et plus ils doivent être profonds et nombreux. Les terres légères, déjà trop poreuses pour retenir l'humidité nécessaire à la végétation, n'ont pas besoin d'être remuées aussi profondément ; elles ne doivent être labourées que pour y enfouir les semences et les fumiers, et pour en faire disparaître les plantes parasites et les racines.

Le nombre et la profondeur des labours dépendent aussi : 1° du genre de culture qu'on veut entreprendre. Il y a telle espèce de plante qui exige un terrain plus ameubli qu'une autre ; ainsi, les champs qui doivent porter le chanvre, les choux, les betteraves, la garance, doivent recevoir trois ou quatre labours ; 2° de l'état dans lequel se trouve le champ : les labours préparatoires doivent être plus nombreux et plus profonds, si ce champ est en friche ou si la récolte enlevée était en céréales ou en plantes *salissantes,* ainsi appelées, parce que leurs nombreuses radicelles sont difficiles à extraire.

Le labour à la charrue s'exécute de trois manières principales : 1° le labour *à plat ;* 2° le labour *en billons ;* 3° le labour *en planches.*

Quel que soit le mode de labour qu'on adopte, il faut toujours que la raie ouverte par la charrue soit parfaitement droite et nette dans toute sa longueur.

Les autres conditions d'un bon labour, c'est qu'il soit exécuté dans un moment où le sol n'est ni trop humide ni trop sec ; que la largeur à donner à la bande retournée par la charrue, soit moindre que la profondeur du labour, afin que, au lieu de retomber à plat, elle s'appuie sur celle qui vient d'être déplacée: on multiplie ainsi les contacts de l'air avec toutes les parties de la couche arable.

Enfin, il ne faut pas que l'attelage de la charrue marche par secousses; c'est pour cette raison que le labourage des bœufs est supérieur à celui des chevaux : ces animaux marchant lentement, la tranche de terre est régulièrement retournée et bien rompue.

Questionnaire.

Quels sont les travaux les plus importants de l'agriculture? — Quel est le but du labour? — La profondeur des labours doit-elle être toujours la même ? — Le bêchage et la houerie ne sont-

ils pas les meilleurs modes de labours? — Pourquoi ne sont-ils praticables que par les petits propriétaires? — Dans quels cas s'en servent les grands cultivateurs? — Quel est le but du labour dans les terres légères? — Le nombre et la profondeur des labours ne dépendent-ils pas aussi du genre de plantes que l'on veut semer, et de l'état dans lequel se trouve le champ? — De combien de manières, le labour à la charrue s'exécute-t-il? — Quelles sont les conditions d'un bon labour à la charrue? — Que désigne-t-on dans la grande culture sous le nom de façons?

Le labour de *défoncement*, beaucoup plus profond que le labour ordinaire, a pour objet de rendre perméable un sous-sol de mauvaise nature, ou de ramener à la surface un sous-sol argileux, lorsque le sol est trop léger. Généralement, avant d'opérer un défoncement, il faut avoir soin de réunir en tas, placés de distance en distance, la couche superficielle qui contient l'humus. Lorsque le défoncement est terminé, on rejette sur la surface cette terre réservée, soit seule, soit après l'avoir mélangée de chaux.

L'époque la plus favorable pour pratiquer les

défoncements est l'entrée de l'hiver, afin que la terre reste plus longtemps soumise aux influences atmosphériques.

Du Hersage. — Le hersage doit suivre le travail de la charrue. Nous avons vu quel en était l'objet. Il convient de laisser un intervalle entre le labour et le hersage. Ordinairement le hersage se donne au mois de mars.

Du Binage et du Sarclage. — Les façons les plus utiles, après le labour et le hersage, ont le *binage* et le *sarclage*.

Le *binage* se pratique avec un instrument appelé *binette* que l'on remplace souvent, suivant le cas, par la ratissoire, la herse à la main ou la houe à cheval. L'objet du binage est de détruire les mauvaises herbes et d'ameublir le sol pour qu'il absorbe mieux l'humidité.

Le *sarclage*, qui a également pour but de débarrasser le sol des mauvaises herbes, se fait soit avec la main, soit avec un instrument appelé *sarcloir*.

L'époque la plus convenable pour le binage et pour le sarclage est la fin d'avril ou le mois de mai. Mais il faut éviter de faire ces opérations quand la terre est mouillée.

QUESTIONNAIRE.

Qu'est-ce qu'un défoncement? — Quelle précaution faut-il prendre avant de pratiquer un défoncement ? — Quelle est l'époque la plus favorable pour pratiquer un défoncement ? — Qu'est-ce que le hersage? -- Qu'appelle-t-on le binage et le sarclage ? — Avec quoi pratique-t-on le binage? — Quel est l'objet du binage ? — Comment s'exécute le sarclage? — Quelle est l'époque la plus favorable pour pratiquer le binage et le sarclage ?

CHAPITRE VI.

Du Drainage.

Le *drainage* (mot qui dérive d'un verbe anglais qui signifie sécher) est une opération qui a pour objet d'assainir un sol humide au moyen de conduits souterrains.

On l'applique surtout avec succès dans les terrains dont le sous-sol est imperméable, c'est-à-dire, ne laisse pas passer l'eau.

Pour comprendre l'utilité du drainage, il suffit de se représenter un pot à fleurs au fond duquel on n'aurait pas ménagé de trou pour l'écoulement de l'eau. Évidemment la plante qu'on mettrait dans un semblable vase ne tarderait pas à dépérir, parce que l'eau qui aurait servi à l'arroser ne trouvant pas d'issue, ferait promptement tomber les racines en pourriture. Eh bien! il y a des terres qui sont aussi, pour ainsi dire, *fermées en-dessous*: entre la couche arable et le sous-sol, il s'établit alors, à la suite des pluies ou de la fonte des neiges, comme une nappe d'eau stagnante, qui s'oppose aux travaux de l'agriculture et neutralise tout principe de fertilité. Quand, par le drainage, on a facilité l'écoulement de ces eaux, le sol prend comme par enchantement une face toute nouvelle: les landes et les marécages font place à la plus riche végétation; des terrains, rebelles jusqu'alors à toute culture, se couvrent des plus riches moissons; partout, le revenu s'accroît dans des proportions énormes, et, dans beaucoup de localités, on fait ainsi disparaître la cause des fièvres et des maladies.

Le drainage s'exécute au moyen de tuyaux de terre cuite posés les uns au bout des autres. Ces tuyaux ou *drains* sont établis, légèrement en pente, au fond de fossés étroits creusés dans les terres où l'on a reconnu la présence de l'eau. Au-dessus de la jointure des tuyaux, on a soin de jeter des pierres concassées, afin de permettre à l'eau de s'infiltrer dans ces petits conduits par les jointures entr'ouvertes. Chaque ligne de drains aboutit à d'autres drains plus grands ou drains *collecteurs*; ceux-ci se déversent dans des canaux ou dans des fossés qui conduisent les eaux jusqu'au cours d'eau le plus voisin.

Le prix de revient d'un système de drainage est évalué, aujourd'hui, à environ 200 francs par hectare. Mais cette dépense est bien au-dessous de la plus value qu'elle réalise. On a vu des champs qui ne rapportaient que 7 ou 8 francs, produire un revenu de 40 francs après une dépense, une fois faite, de 250 francs. En moyenne, l'amélioration qu'on peut obtenir par un bon drainage, est de 15 à 20 pour cent.

Le drainage est d'une si haute utilité pour l'assainissement d'une notable partie du territoire de la France, que le gouvernement et les sociétés d'agriculture favorisent tout spécialement ce genre d'amélioration. Une loi a même été promulguée, à l'effet de protéger les travaux de drainage, contre le mauvais vouloir des propriétaires dont les terres seraient situées au-dessous des terrains drainés.

QUESTIONNAIRE.

Qu'est-ce que le drainage? — A quel terrain est-il applicable? — Expliquez l'utilité du drainage par une comparaison. — Comment s'exécutent les travaux de drainage? — Quel est le prix de revient d'un système de drainage? — Quelle est l'augmentation de revenus qu'on peut ainsi obtenir? — Qu'est-ce qui a été fait par le gouvernement pour protéger ce genre de travaux?

CHAPITRE VII.

Des Défrichements.

Le *défrichement* est une opération agricole par laquelle on convertit en terres cultivables des terrains en *friche*, c'est-à-dire, incultes, ou bien des terrains en nature de bois.

DU DÉFRICHEMENT DES TERRES INCULTES. — Ce travail s'exécute de différentes manières suivant la nature du sol.

Si la couche superficielle n'est pas trop

sablonneuse, et si elle est couverte de broussailles, de bruyères, ou de tout autre végétation sauvage, il convient de commencer l'opération par l'*écobuage* de la surface.

L'écobuage consiste à enlever, à une profondeur de 5 à 6 centimètres, tous les gazons avec la terre adhérente à leurs racines. Ces gazons sont disposés en plusieurs tas en forme de fourneaux, où l'on ménage des vides intérieures pour la circulation de l'air, et l'on y met le feu. On les laisse brûler lentement pendant plusieurs jours. Dès que les cendres sont refroidies, on les répand, le plus également possible, sur le sol auquel on les incorpore par un labour suivi d'un ou de deux hersages.

Cette opération doit s'exécuter pendant un temps chaud, afin que les gazons puissent sécher facilement avant d'être soumis à la combustion. L'enlèvement des gazons se pratique soit avec une charrue soit avec des instruments à bras.

Après un défrichement par écobuage, les semailles de seigle sont celles qui réussissent le mieux, surtout si on y a joint une fumure de

800 à 1000 kilogrammes de noir animal par hectare.

L'écobuage ne convient qu'aux sols plus ou moins argileux. Dans les terrains qui sont très-sablonneux, on ne doit pas pratiquer cette opération, car elle n'aurait pas les mêmes résultats. Le meilleur procédé pour défricher les terres légères, consiste à défoncer le sol à 80 centimètres de profondeur, à la bêche ou à la pioche, après avoir mis de côté la couche superficielle pour la répandre sur le terrain défoncé.

Quand le terrain contient de la tourbe, on peut se servir avec de grands avantages du procédé suivant: on commence par enlever et mettre de côté le gazon. On extrait ensuite séparément la tourbe et la substance marneuse qui se trouve au-dessous de la tourbe, puis on remplit le vide formé par ces extractions avec du sable ou d'autres déblais pris sur les hauteurs voisines. Quand le vide est à peu près comblé, on recouvre le sable d'une couche de la substance marneuse, et celle-ci est recouverte à son tour par les plaques de gazons retournées. On nivelle le tout de manière à rendre le terrain susceptible d'irrigation, et on y répand une légère couche de cendres. On obtient ainsi d'excellentes prairies, et le produit des tourbes a couvert la dépense.

Défrichement des Terrains boisés. — Un terrain en nature de bois ne peut être défriché sans l'autorisation préalable de l'Administration; cette autorisation s'accorde généralement quand le terrain dont il s'agit est situé en plaine, qu'il ne fait pas partie d'un grand massif de forêts, et qu'enfin il est susceptible d'un revenu supérieur après avoir été déboisé.

Lorsque toute la superficie du bois qu'on veut défricher a été exploitée, et qu'on en a enlevé les souches, il reste encore dans le sol une quantité de racines qu'on arrache à l'aide d'un labour profond, donné par de puissantes charrues. Ces racines sont réunies et brûlées sur place, et on en répand les cendres sur toute la surface du terrain. Quelquefois, à la suite d'un défrichement, le sol a conservé une certaine acidité provenant de la grande quantité de substances végétales non décomposées qu'il renferme, et cette acidité est un obstacle au développement de sa force productive. On peut obvier à cet inconvénient au moyen d'un fort chaulage qu'on renouvelle au bout de deux ans.

Les premières récoltes qu'on peut faire porter à un terrain défriché, sont indifféremment les pommes de terre, l'avoine ou le sarrazin.

Questionnaire.

En quoi consiste le défrichement ? — Combien y a-t-il de sortes de défrichements ? — Comment s'exécute le défrichement de terrains incultes ? — Qu'entend-on par l'écobuage ? — Quel est le temps le plus favorable pour écobuer ? — Quelles sont les cultures qui réussissent le mieux après un défrichement par écobuage ? — Quels sont les terrains auxquels l'écobuage ne convient pas ? — Comment se pratique le défrichement des terrains sablonneux ? — Quel procédé est-il utile d'employer pour le défrichement de terrains tourbeux ? — Pour défricher des bois faut-il se soumettre à une formalité ? — Comment s'exécute le défrichement de terrains boisés ? — Quelle opération est nécessaire, dans certains cas, à la suite d'un défrichement ? — Quelles sont les premières récoltes qu'on peut faire porter à un terrain défriché ?

CHAPITRE VIII.

Des Irrigations.

Parmi tous les travaux utiles qui sont du ressort de l'agriculture, les *irrigations* occupent le premier rang sous le rapport des bénéfices qu'on peut en retirer.

Dans les contrées du midi, plus sujettes à la sécheresse, ce mode, aussi simple que facile de féconder la terre, convient à tous les genres de culture. C'est son application bien entendue, qui a le plus contribué, autrefois, à la prospérité de l'agriculture en Égypte, en Perse, chez les Romains et chez les Maures en Espagne; aujourd'hui, elle fait la richesse de la Lombardie, du Piémont et de certaines parties du midi de la France.

Dans les pays moins chauds, l'irrigation est principalement applicable aux prairies et aux sols sablonneux.

Les résultats qu'on peut retirer de l'irrigation sont si considérables, qu'on doit s'étonner que la pratique en soit encore si peu répandue. Il n'y a pas un petit ruisseau qui, convenablement utilisé à son passage, ne puisse tripler au moins le produit des prairies qui le bordent. On a calculé que si les eaux des fleuves, des rivières et de tous leurs affluents étaient dérivées et appliquées à l'irrigation partout où cette opération est praticable, le revenu agricole serait augmenté au moins de trois milliards.

A un autre point de vue, un système général de canaux d'irrigation serait d'un immense intérêt public: en offrant de nombreux débouchés à tous les cours d'eau il empêcherait les inondations et convertirait en artères vivifiantes ces torrents dévastateurs qui portent périodiquement la désolation dans tant de contrées. Aussi notre législation favorise-t-elle ces utiles travaux. Le code Napoléon contient une disposition en vertu de laquelle chaque propriétaire peut se servir, pour l'irrigation, de l'eau courante qui borde son héritage (quand ce n'est pas une rivière navigable), à la charge de la rendre à son cours ordinaire à la sortie de sa propriété. D'autres lois (celles du 29 avril et 11 juillet 1847) ont réglementé l'exercice de ce droit. Enfin, le gouvernement vient d'ordonner l'étude d'un vaste projet qui embrasse l'amélioration du régime de tous les cours d'eau, et dont l'exécution sera nécessairement favorable au développement des moyens d'irrigation.

On distingue trois manières de pratiquer l'irrigation : 1° l'irrigation par *ruissellement* ou à écoulement continu ; 2° l'irrigation par *submersion* ; 3° l'irrigation par *infiltration*.

Irrigation par Ruissellement. — Ce mode, qui est le plus généralement pratiqué, consiste à établir sur la partie la plus élevée du terrain qu'on veut irriguer, un canal principal qui part du cours d'eau naturel. Ce point de départ s'appelle *prise d'eau*. La pente de ce canal, dite de *dérivation*, ne doit pas être de plus d'un centimètre par 20 mètres. Les eaux de ce canal se déversent dans une rigole horizontale avec laquelle il communique à volonté par de petites écluses. On creuse d'autres rigoles parallèles à la première et placées à 10 ou 15 mètres les unes des autres. L'eau déborde successivement de ces rigoles, de manière à s'étendre uniformément sur toute la surface, mais sans s'arrêter et sans rester nulle part stagnante.

Dans la partie inférieure de la pièce ainsi arrosée, l'eau est reçue dans d'autres rigoles qui la conduisent dans des fossés d'écoulement *.

En général, quand on pratique ce genre d'irrigation, on ne laisse couler l'eau que pendant la nuit, et on l'arrête à la pointe du jour, afin que l'action du soleil soit d'un effet plus utile sur le terrain imbibé par l'irrigation de la nuit précédente.

Lorsque le niveau du cours d'eau dont on veut se servir est trop bas pour qu'on puisse établir une écluse, on fait arriver l'eau dans le canal principal à l'aide de pompes, de manéges à seaux, de roues à godets, ou, enfin, comme en Hollande, avec de petits moulins à vent.

Irrigation par Submersion.—Ce procédé consiste à inonder entièrement un terrain au moyen d'une vanne pratiquée dans une digue qu'on établit pour ce genre d'irrigation. Il est surtout en usage dans les contrées méridionales, et produit d'excellents effets pour la culture du riz.

* Pour rendre ces explications plus sensibles, il serait bon que l'Instituteur figurât sur un tableau noir le système qui vient d'être décrit.

Irrigation par Infiltration. — Ce mode d'irrigation qui ne convient qu'aux terrains d'une nature très-poreuse, par exemple, aux marais desséchés, consiste à pratiquer, de distance en distance, des fossés qu'on tient habituellement à sec, mais qui peuvent à volonté être remplis au moyen d'une prise d'eau. Dans ce système, l'eau, au lieu de pénétrer dans la terre par sa surface comme dans les deux modes précédents, s'y infiltre par les parois très-poreux des fossés.

Questionnaire.

Parlez de l'utilité des irrigations. — Tous les petits ruisseaux peuvent-ils être employés à l'irrigation? — A quel autre point de vue un système général d'irrigation serait-il utile? — La législation française favorise-t-elle l'irrigation? — Combien y a-t-il de systèmes d'irrigation? — Expliquez en quoi consiste chacun de ces systèmes.

TROISIÈME PARTIE.

CULTURE ET RÉCOLTE DES DIVERSES PLANTES AGRICOLES.

Les plantes agricoles, c'est-à-dire, celles qu'on cultive dans les champs, offrent cinq grandes divisions: 1o les céréales; 2o les plantes fourragères; 3o les légumineuses; 4o les plantes sarclées; 5o les plantes industrielles.

CHAPITRE I.

Des Céréales.

Sous la désignation générale de *céréales* *, on comprend toutes les plantes dont les grains sont propres à être réduits en farine: par ce même motif, on les nomme aussi plantes farineuses.

Les principales céréales cultivées en France,

* Ce mot vient de Cérès, nom que les payens donnaient à la déesse des moissons.

sont le blé ou froment, le seigle, l'orge, l'avoine, le maïs et le sarrazin.

§ 1. — Du Froment.

Il existe beaucoup de variétés de froments. Mais, au point de vue de la culture, on peut les classer toutes en deux séries : les *froments d'hiver* et les *froments de printemps.* Les premiers se sèment en automne, les autres en mars. Les froments d'hiver, qu'on cultive de préférence dans le nord, donnent des récoltes beaucoup plus abondantes et plus assurées. Mais les blés de printemps qu'on désigne aussi sous le nom de *blés de mars*, peuvent être d'une grande ressource pour remplacer les blés d'hiver, quand ces derniers ont été détruits par les gelées tardives.

Semailles du Froment. — Il est de la plus haute importance que le blé de semence soit bien choisi et parfaitement nettoyé. Il faut, à cet effet, le trier avec soin et rejeter tous les grains qui seraient ridés ou mal conformés.

On doit donner pour les semailles, la préférence au grain de la récolte précédente; l'expérience a prouvé que le grain nouveau est moins productif.

Avant de confier le grain à la terre, on le soumet ordinairement à une préparation qu'on nomme le *chaulage*. Cette opération consiste à enduire les grains de chaux, afin de les préserver de diverses maladies, telles que la rouille, le charbon, et la carie, et aussi afin de détruire les œufs d'insectes qui pourraient y avoir été déposés.

Le chaulage des semences se fait de trois manières: *à sec*, par *aspersion* et par *immersion*. Ce dernier procédé, qu'on regarde généralement comme le plus efficace, consiste à plonger le froment dans une mixture composée, pour un hectolitre de blé, d'un litre et demi de chaux réduite en poudre, d'un demi-kilogramme de sel, et de huit à dix litres d'eau. Mais comme le sel est très-cher, on peut le remplacer par un demi-litre de cendres, ce qui produit le même effet. Il y a deux précautions importantes à prendre dans le cours de cette opération, c'est: 1° de se servir de la chaux aussitôt qu'elle est préparée, attendu que l'évaporation lui fait perdre une partie de son action; 2° d'avoir soin de recueillir avec une écumoire et de rejeter les grains qui viendraient à surnager lors du mélange de la semence; car en général, toute graine qui surnage à l'eau, est altérée ou de mauvaise qualité.

Questionnaire.

Qu'est-ce qu'on entend par plantes agricoles? — — Comment peut-on les diviser? — Quelles sont les plantes qu'on désigne sous le nom de céréales? — Quel nom donne-t-on encore aux céréales? — Quelles sont les principales céréales cultivées en France? — Combien y a-t-il de sortes de froments? — A quelle époque se sèment les froments d'hiver et les froments de printemps? — Quel nom donne-t-on encore au froment de printemps? — Quels avantages présente la culture de chacune de ces deux espèces? — Quelle attention faut-il apporter dans le choix du blé de semence? — Le grain nouveau est-il préférable, pour semence, au grain de la récolte précédente? — Quelle préparation est-il utile de faire subir à la semence?

Des différentes manières de semer. — On sème suivant deux méthodes très-distinctes: 1° les *semailles à la volée*, pratiquées de toute antiquité; 2° les *semailles au semoir*, d'invention toute moderne.

Pour qu'un ensemencement fût parfait, il faudrait qu'on pût déposer les grains un à un à des profondeurs, et à des distances convenables. Mais cette manière de semer étant matériellement impossible, il faut donner la préférence aux procédés *praticables* dont les résultats se rapprochent le plus d'un ensemencement parfait. Or, en comparant l'ensemencement à la main, dit *à la volée*, avec celui qui est fait à l'aide d'une machine qu'on nomme *semoir*, on peut facilement se convaincre que cette dernière méthode est la meilleure, ou plutôt la moins défectueuse. En effet, elle présente les avantages suivants: 1° *économie de semence;* 2° *distribution des graines en lignes régulièrement espacées*, ce qui permet plus tard de les sarcler plus facilement et favorise leur végétation. Quelqu'habile que soit un semeur à la volée, il lui est impossible de répandre le grain avec une telle égalité que sur certains points il ne soit plus serré que sur d'autres; en outre, la herse ne recouvre pas toute la semaille, et les grains qui sont enterrés par elle, le sont à des profondeurs diverses, de sorte qu'une grande partie de la semence est répandue en pure perte, tandis que le reste croît inégalement. Les semailles au semoir n'ont aucun de ces deux inconvénients.

Quantité de semence nécessaire. — Quand on sème le froment à la volée, il en faut ordinairement 2 hectolitres par hectare; un hectolitre et demi est suffisant, si l'on fait usage du semoir. Du reste, on ne peut établir une règle bien fixe à cet égard. Cette quantité varie nécessairement suivant la nature des terres, et suivant l'époque de la semaille. En général, plus la terre est riche, moins il faut de semence; et plus les blés sont semés tard, plus la semence doit être abondante. Les chiffres indiqués ci-dessus, ne peuvent être considérés que comme approximatifs.

Époque de la semaille. — L'expérience est le meilleur guide quant au moment qu'il convient de choisir pour les semailles. Ordinairement les blés d'hiver sont semés du 20 septembre au 20 octobre, et les froments de printemps dans le courant de mars. Mais, on peut établir qu'en général, il vaut mieux se hâter que de rester en retard. Pour semer à la volée, il importe de choisir, autant que possible, un temps calme.

QUESTIONNAIRE.

Combien y a-t-il de manières de semer? — Qu'est-ce qui constitue un ensemencement parfait? — Un ensemencement parfait est-il praticable? — A défaut d'ensemencement parfait à quel procédé faut-il donner la préférence? — Quels sont les avantages des semailles au semoir? — Quelle est la quantité de froment nécessaire pour ensemencer un hectare? — Peut-on établir une règle bien fixe, quant à cette quantité? — A quelle époque faut-il semer le froment?

TRAVAUX APRÈS LES SEMAILLES. — Aussitôt que le blé est semé, il faut le recouvrir par un hersage. Quand on fait usage du semoir, cette opération est inutile, attendu qu'au moyen d'un appareil dont cet instrument est pourvu, la semence est recouverte aussitôt qu'elle est semée. Après le hersage, on doit avoir soin de briser les mottes qui lui auraient résisté, et de rétablir les raies d'écoulement pour les eaux de pluie.

TRAVAUX D'ENTRETIEN. — Les principales cultures d'entretien qu'exige le blé, sont les *rehersages* et les *sarclages*.

Le hersage est non-seulement utile pour la

préparation du champ et l'enfouissement de la semence, mais il est encore avantageux de le recommencer au printemps, surtout sur les terres fortes, dans le double but de fortifier les jeunes plantes en rehaussant la terre autour de leur pied, et de détruire à leur naissance les mauvaises herbes qui leur disputent la place.

Malgré les hersages pratiqués au printemps sur les terres fortes, et le roulage exécuté sur les terres légères, il se développe encore parmi les blés une grande quantité de plantes parasites, c'est-à-dire, qui vivent aux dépens des jeunes blés. Il est indispensable d'en nettoyer souvent le sol, et d'arracher surtout les plus nuisibles qui sont : les chardons, les nielles, les ivraies et les seigles. Cette opération s'appelle *sarclage*.

Questionnaire.

Quelle opération faut-il faire immédiatement après les semailles ? — Dans quel cas peut-on se dispenser du hersage sur les semailles ? — Ce hersage ne doit-il pas être suivi de deux opérations complémentaires ? — Quelles sont les principales cultures d'entretien pour le blé ? — Quel est le but du rehersage ? — En quoi consiste le sarclage ?

Récolte. — Le mot *recolte* a une double

signification : on l'applique 1° aux productions de la terre lorsqu'elles sont encore sur pied ; c'est ainsi qu'on dit les récoltes *pendantes par les racines* (c'est-à-dire, attachées au sol) ; 2° à l'action de recueillir ces productions. C'est dans cette dernière acception que nous l'employons ici.

La récolte des céréales est plus communément désignée sous le nom de *moisson*, celle du fourrage s'appelle *fenaison*, et celle du raisin *vendange*.

Le froment, comme toutes les céréales, doit être récolté un peu avant sa maturité complète, pour éviter l'égrénage. Ce point de maturité se reconnaît à ce que le grain n'est plus laiteux, et que l'ongle s'y imprime encore, sans toutefois y pénétrer. Cependant, il est utile de laisser sur pied, jusqu'à maturité complète, la portion de la récolte dont on se propose d'employer les grains pour les semailles.

Les instruments dont on se sert pour moissonner, sont : la *faucille*, la *faux* et la *sape*.

La faucille est un instrument à manche court et à lame courbe, finement dentée en scie ; ce qui a donné naissance à cette expression vulgaire : *scier les blés*.

Le sciage des blés à la faucille est plus propre et permet de former des gerbes plus régulières, ce qui était un grand avantage pour la facilité du battage par le fléau ; mais, depuis l'introduction des machines à battre, cet avantage n'existe plus, et on donne la préférence à l'usage de la faux et de la sape, par ces deux motifs : 1° que le travail se fait plus promptement, à l'aide de moins de bras et par conséquent d'une manière bien plus économique ; 2° que ces deux instruments coupent le blé plus près de terre, et augmentent ainsi, environ d'un quart, la quantité de paille récoltée.

La faux dont on se sert pour moissonner les céréales est munie d'un treillage en bois destiné à retenir les épis fauchés jusqu'à ce qu'ils soient saisis et réunis en *javelles* par les ouvrières qui suivent le faucheur. Le seul inconvénient que présente l'emploi de la faux, c'est d'imprimer aux épis une forte secousse qui fait tomber les grains, quand ils sont trop mûrs.

La *sape* usitée depuis longtemps en Flandre et que, par ce motif, on appelle aussi *sape flamande*, est le meilleur de tous les instruments pour moissonner toute espèce de céréales. Cet outil est une sorte de petite faux, munie d'un manche court et presque perpendiculaire au plat de la lame. L'ouvrier manie cet instrument de la main droite, tandis que de la gauche, il est armé d'un crochet de fer, long et pointu, avec lequel il saisit et maintient sur son genou chaque poignée de céréales avant de la frapper de la sape. L'avantage du travail à la sape, c'est que les javelles sont bien faites, que les blés versés sont plus aisément abattus: et qu'enfin, les épis ne sont pas trop secoués.

Questionnaire.

Quelles sont les deux acceptions du mot *récolte* ? — Par quels noms désigne-t-on particulièrement la récolte des céréales, celle du fourrage et celle du raisin ? — Quel est le moment favorable pour la récolte des blés? — La récolte des blés de semence exige-t-elle une maturité plus complète ? — De quels instruments se sert-on pour moissonner ? — Qu'est-ce que la faucille ? — Pourquoi est-il préférable de se servir, pour le sciage des blés, de la faux et de la sape ? — Définissez la faux à moissonner et la manière de s'en servir. — Quel est l'inconvénient de la faux ? — Qu'est-ce que la sape? — Comment s'en sert-on? — Quel est l'avantage du sciage à la sape ?

Soins a donner aux blés coupés. — Lorsque les blés sont coupés, ils ne peuvent pas être immédiatement rentrés en grange ou entassés en meules ; il faut qu'ils passent quelques jours, à l'air libre, sur place, afin de laisser aux mauvaises herbes qui garnissent le pied, le temps de se faner et aussi pour faire sécher la paille et laisser mûrir entièrement le grain. Mais il est nécessaire, pendant ce délai indispensable, de mettre les blés à l'abri des intempéries. A cet effet, il est bon de les réunir en tas peu volumineux qui portent le nom de *moyettes*.

La construction de ces moyettes ou petites meules est fort simple. On commence par placer debout une gerbe de grosseur ordinaire, les épis tournés en haut ; quatre autres gerbes sont groupées et inclinées autour de celle-ci. Une sixième gerbe, plus grosse que les autres, est renversée sur les cinq premières, de manière à leur servir de toit ou de chapeau. Cette opération, quand elle est bien faite, permet de retarder jusqu'à un mois l'engrangement, et d'éviter qu'il soit fait pendant les temps pluvieux.

Questionnaire.

Doit-on engranger les blés aussitôt qu'ils ont été

coupés? — Pendant combien de temps est-il nécessaire de les laisser sur place? — Dans quel but? — De quelle manière faut-il disposer le blé pendant ce délai? — Dans quel cas faut-il éviter de laisser séjourner les moyettes plus de 5 ou 6 jours?

§ II. — Du Seigle.

Le seigle est, après le froment, la plus importante des céréales. Son grain fournit un très-bon aliment pour la volaille, et un utile élément pour la fabrication de l'eau-de-vie; converti en farine, il donne un pain moins blanc et moins nourrissant que celui qu'on fait avec la farine de froment, mais qui a, sur ce dernier, l'avantage d'être beaucoup moins cher et de se conserver plus longtemps frais. Enfin, les tiges du seigle sont très-utiles à beaucoup d'usages: à l'état vert, elles constituent une excellente nourriture pour les bestiaux, en attendant la récolte des autres fourrages artificiels qui se fait plus tard; à l'état de maturité, elles fournissent la meilleure paille, soit pour la litière, soit pour une foule d'ouvrages qui alimentent le commerce.

La propriété la plus précieuse du seigle, c'est

de se contenter des terres les plus légères, d'exiger peu d'engrais, et de supporter les froids les plus rigoureux. Tous les sols ne lui conviennent cependant pas; il produit peu dans les terrains froids et humides; mais il prospère dans les terres sablonneuses, peu propres à d'autres cultures: à ce titre, le seigle est d'une immense ressource, et l'on a dit avec raison, que, sans cette céréale, une grande partie des pays d'Europe, dont le sol est de qualité médiocre, n'aurait pas de pain.

On cultive en Europe trois variétés de seigle: le *seigle commun*, le *seigle multicaule*, et le *seigle de mars*.

Le seigle commun se sème en automne, à raison de 2 hectolitres par hectare.

Le seigle multicaule est ainsi nommé parce qu'il donne beaucoup de tiges, ou, pour nous servir du terme propre, parce qu'il *talle* considérablement. On le sème en juin, à raison d'un hectolitre par hectare. A la fin de l'automne, il peut être fauché pour être distribué comme fourrage frais aux bestiaux, ou bien pour être enfoui à titre d'engrais végétal.

Le seigle de mars donne des récoltes moins

abondantes que les deux autres variétés, quoiqu'il exige plus de semence; aussi ne le sème-t-on que dans le but principal de se procurer beaucoup de paille: sous ce rapport cette culture est très-avantageuse.

On donne le nom de *meteil* à un mélange de froment et de seigle semé dans la proportion d'un tiers de seigle et de deux tiers de froment.

La semence de seigle n'exige pas les soins préservatifs qu'on donne à la semence de froment. Ainsi, elle n'a pas besoin d'être chaulée. Mais, dans quelques pays, on lui fait subir une préparation ayant pour but, non pas de la garantir contre diverses maladies, mais de donner à son germe une grande force végétative. Cette opération est connue sous le nom de *pralinage*. Elle consiste à enduire les grains d'une substance qui se vend dans le commerce sous le nom de *noir animal*. Cette sorte d'engrais est celle dont le seigle profite le mieux. On praline aussi avec succès toutes les céréales, en général, avec le guano.

Du reste, la culture du seigle est la même que celle du froment.

QUESTIONNAIRE.

Quelle est, après le froment, la plus importante des céréales? — Quels sont les différents usages auxquels on emploie le seigle? — Quels avantages présente le seigle au point de vue de la culture? — Quelles sont les terres dans lesquelles il réussit le mieux? — Combien de variétés de seigle cultive-t-on en Europe? — En quelle quantité se sème le seigle? — Qu'est-ce que le seigle *multicaule*? — Dans quel but cultive-t-on cette espèce? — Quel est le rendement du seigle de mars, et à quel point de vue cette culture est-elle avantageuse? — Qu'est-ce que le *méteil*? — La semence du seigle exige-t-elle les mêmes préparations que celle du froment? — En quoi consiste l'opération du pralinage? — La culture du seigle est-elle différente de celle du froment?

§ III. — De l'Orge.

L'*Orge* est généralement classée au 3e rang parmi les céréales, sous le rapport de son importance; les produits, quoique d'une valeur moindre, en sont beaucoup plus abondants que ceux du froment et du seigle. On les emploie à différents usages très-utiles. La farine de l'orge, mêlée à celle du blé ou du seigle, donne un bon pain. Dans le midi, l'orge est une ressource precieuse pour la nourriture des bestiaux; dans le nord, la fabrication de la bière, en absorbe des quantités considérables.

Un des principaux avantages de cette céréale, c'est qu'elle est *très-rustique*, c'est-à-dire, qu'elle s'accommode de tous les terrains, pourvu, toutefois, qu'ils ne soient pas très-humides; ceux qui lui conviennent le mieux, sont ceux de moyenne consistance.

On cultive en Europe un grand nombre de variétés d'orges qu'on peut classer en deux séries : 1° les *orges d'hiver,* dont la plus productive est connue sous le nom d'*escourgeon;* 2° les *orges de printemps* dont les principales sont : l'orge à deux rangs et l'orge *Nampto*, espèce hâtive, récemment importée d'Asie, et qui se recommande par son grand rendement et par ses qualités comme plante farineuse.

La culture de l'orge exige des soins plus minutieux que le froment. La terre qu'on lui destine doit être assez ameublie pour que les dents de la herse y pénètrent profondément.

L'orge peut succéder à une autre céréale; mais il réussit mieux après des plantes sarclées qui auraient été fortement fumées.

L'orge est la céréale dont la récolte exige le plus d'activité et de précautions. On doit la moissonner avant sa complète maturité, à cause de la facilité avec laquelle elle s'égrène, et de la fragilité de ses épis. En second lieu, comme son grain est sujet à germer très-promptement, il faut avoir soin de l'enlever dès qu'il est sec, et surtout éviter de l'exposer à la pluie.

Questionnaire.

Quelle est la plus importante des céréales après le froment et le seigle ? — Quels emplois fait-on de ses produits ? — Quel est l'un des principaux avantages de cette culture ? — Quel est le sens de la qualification de *rustique* appliquée aux plantes? — Quel est le sol qui convient le mieux à l'orge? — Combien y a-t-il d'espèces d'orges ? — Quelle est la plus productive des orges d'hiver? — Quelles sont les principales orges de printemps ? — Quel avantage présente la culture de l'espèce d'orge, appelée Nampto ? — Quel est le mode de culture de l'orge? — Quels soins exige la récolte de l'orge?

§ IV. — De l'Avoine.

La graine de l'avoine sert principalement à la nourriture des chevaux: sa paille est un assez bon fourrage sec, qu'on fait consommer de préférence par les bêtes à laine et par les vaches. Enfin, l'enveloppe de sa fleur, connue sous le nom de *balle d'avoine*, s'emploie pour couvrir les planches de légumes qui craignent le froid, et pour garnir les coussins sur lesquels on couche les enfants en bas-âge.

Il y a diverses variétés d'avoines; elles se distinguent par leur qualité, par leur couleur et par leur précocité. Les unes sont propres aux terrains riches et fertiles, d'autres conviennent aux terrains de médiocre qualité; d'autres, enfin, se contentent des terres les plus ingrates. On les classe aussi en *avoines d'hiver* et en *avoines de printemps*.

La variété la plus cultivée et la plus productive est celle qui est connue sous le nom d'*avoine commune du printemps*.

On la sème ordinairement en février ou en mars, après un seul labour, en raison de 3 à 4 hectolitres par hectare.

L'avoine succède avec avantage aux plantes sarclées et aux fourrages artificiels; on la cultive aussi avec succès dans les terrains défrichés. Mais il faut éviter de la semer après une autre céréale.

Il est important de moissonner l'avoine avant qu'elle soit parfaitement mûre pour éviter la perte qu'occasionne l'égrénage. Ordinairement on coupe les avoines en août, et on les dispose en meulettes qu'on laisse pendant 8 ou 10 jours jusqu'à parfaite maturité.

QUESTIONNAIRE.

Pour quels usages cultive-t-on l'avoine? — Y a-t-il plusieurs variétés d'avoines, et comment les distingue-t-on? — Quelle est la variété la plus cultivée et la plus productive ? — A quelle époque la sème-t-on ? — Quelle est la quantité de semence nécessaire pour un hectare? — Dans quels terrains et après quelles cultures convient-il de semer l'avoine ? — Pourquoi faut-il couper l'avoine avant sa complète maturité? — A quelle époque se fait ordinairement cette moisson ?

§ V. — Du Maïs.

Le maïs est propre à la nourriture de l'homme et à celle des animaux domestiques. Dans plusieurs contrées du midi, la farine de maïs sert à faire certaines espèces de pains et des bouillies. Mais, généralement, ce grain ne s'emploie que pour engraisser les bestiaux et surtout les volailles. La feuille de maïs, quand elle est sèche, fournit une bonne litière ; coupée en vert, elle donne un fourrage abondant et très-substantiel pour tous les bestiaux.

C'est fort mal à propos qu'on désigne vulgairement le maïs sous le nom de *blé de Turquie*, attendu que cette graminée est originaire d'Amérique.

Le maïs prospère surtout dans les climats chauds, et il s'accommode à peu près de tous les genres de sols, pourvu qu'ils soient ameublis et bien fumés. Mais, dans le nord, les terres légères lui sont le plus favorables parce qu'elles sont les plus chaudes.

La culture du maïs demande habituellement trois labours, dont le premier est donné à la fin de l'automne, le second à la fin de l'hiver et le troisième immédiatement avant les semailles. Mais un labour d'hiver suffit sur un sol déjà ameubli par une récolte de pommes de terre ou de betteraves.

On sème ordinairement le maïs en mai ou au commencement de juin. Ce genre de semaille se fait généralement en lignes, pour faciliter les binages et les sarclages dont cette plante a un fréquent besoin. On ne la sème à la volée (à raison d'un hectolitre et demi à deux hectolitres par hectare), que lorsque l'on se propose de la faucher à l'état vert.

Le maïs est une des plantes les plus épuisantes; aussi faut-il avoir soin de ne le cultiver sur le même sol, qu'à de longs intervalles, et jamais avant ni après une récolte de froment.

Questionnaire.

A quels usages le maïs est-il propre ? — Quelle est l'utilité de son grain ? — A quoi servent ses feuilles? — Pourquoi le nom de blé de Turquie est-il impropre? — Quels climats et quels sols conviennent le mieux au maïs ? — Faut-il une terre ameublie à cette plante ? — Combien de labours sont nécessaires à cet effet ? — A quelle époque sème-t-on le maïs? — Comment se fait cette semaille ? — Dans quel cas sème-t-on à la volée? — Cette plante est-elle épuisante ? — Peut-on cultiver le maïs après une récolte de froment?

§ VI. — Du Sarrazin ou Blé noir.

Cette plante farineuse, originaire de la Perse, sert à la nourriture de l'homme dans la plus grande partie de la Bretagne; mais plus généralement, on l'emploie à celle des animaux.

Son grain vaut l'orge pour engraisser les porcs et les volailles.

La paille du sarrazin, employée comme litière, fournit un très-bon fumier, parce qu'elle est très-riche en potasse, substance très-fertilisante.

Coupé à l'état vert, le sarrazin donne un assez bon fourrage; enfoui, avant sa floraison, il devient un excellent engrais.

Cette plante est une des plus rustiques et des plus hâtives que l'on cultive. Elle réussit dans les terres les plus sablonneuses; aussi, ne la sème-t-on dans un terrain fertile, qu'après y avoir déjà moissonné dans la même année une autre céréale. On appelle *récolte dérobée* celle qu'on obtient de cette manière.

On sème le sarrazin à la fin de mai, lorsqu'on le cultive pour son grain, et en juillet lorsqu'on veut le récolter en vert.

Dans ce dernier cas, la quantité de semence est d'un hectolitre et demi par hectare; 50 à 60 litres par hectare sont suffisants pour la récolte en grains.

QUESTIONNAIRE.

Quels sont les différents usages auxquels le sarrazin

est propre ? — 1° A quoi sert son grain ? — 2° Que fait-on de sa paille ? — 3° Quelle en est l'utilité à l'état vert? — Quel est le caractère de cette plante, au point de vue de la culture ? — Dans quels cas la sème-t-on dans les bonnes terres ? — Qu'appelle-t-on une *récolte dérobée?* — Quelle est l'époque de la semaille du sarrazin ? — En quelle quantité se sème cette céréale : 1° quand on la cultive pour son grain ; 2° quand on veut la récolter en vert?

CHAPITRE II.

Des Plantes fourragères.

On appelle *plantes fourragères* celles que l'on fauche pour la nourriture du bétail.

Sans fourrages, il n'y a pas d'agriculture possible. En effet, si vous n'avez pas de fourrages, vous ne pouvez pas entretenir les bestiaux, et si les bestiaux vous manquent, vous vous trouvez en même temps privé de fumier, élément indispensable de toute culture.

Les terrains occupés par les plantes fourragères portent le nom de *prairies*.

Les *prairies* diffèrent des pâturages, ou *pa-*

cages, en ce que les premières se fauchent, et que leurs produits s'enlèvent après avoir été convertis en foin; tandis que les herbes que produisent les pacages, sont consommées sur place par les bestiaux.

On divise les prairies en deux classes : 1° les *prairies naturelles*; 2° les *prairies artificielles*.

§ I. — Des Prairies naturelles.

On entend par *prairies naturelles* celles qui présentent un engazonnement *permanent et spontané*; ou, en d'autres termes, celles dont l'herbe se multiplie et se perpétue d'elle-même.

Les prairies naturelles n'exigent que des travaux d'entretien. On se borne, en général :

1° A les irriguer toutes les fois que leur situation le permet;

2° A les assainir quand elles en ont besoin. L'*assainissement* d'une prairie consiste à en détourner les eaux stagnantes au moyen de fossés d'écoulement;

3° A en arracher les plantes nuisibles ou inutiles, surtout celles qui sont à racines pivotantes, telles que les *centaurées*, les *berces* et les *patiences*;

4° A les herser de temps à autre au printemps pour détruire les mousses;

5° A les fumer en automne, soit avec un compost soit avec du purin mêlé à de l'eau de pluie ou de rivière;

6° A couvrir de cendres, non lessivées, celles qui sont couvertes de mousses; et, au contraire, de cendres lessivées, ou de chaux vive pulvérisée celles qui sont envahies par les roseaux;

7° A ensemencer les places vides avec des graines de graminées bien choisies.

QUESTIONNAIRE.

Qu'entend-on par *plantes fourragères*? — Pourquoi les fourrages sont-ils indispensables au cultivateur? — Comment appelle-t-on les terrains occupés par les plantes fourragères? — En quoi les prairies diffèrent-elles des pâturages? — Comment divise-t-on les prairies? — Qu'est-ce que les prairies naturelles? — Quels sont les travaux qu'exigent ces prairies?

§ II. — Des Prairies artificielles.

Les prairies artificielles sont ainsi appelées, parce qu'elles sont dues au travail de l'homme, tandis que les prairies naturelles sont le plus souvent uniquement l'œuvre de la nature. On peut aussi, à la vérité, créer des prairies naturelles; mais ce qui caractérise surtout les prairies artificielles, c'est qu'elles ne sont pas *permanentes*, et qu'elles doivent, au contraire, faire place, au bout d'un certain temps, à d'autres cultures.

Non-seulement les prairies artificielles offrent une ressource précieuse au cultivateur, en lui permettant d'augmenter, à sa volonté, la masse de ses fourrages, et, par conséquent, de ses engrais, mais elles sont encore d'une haute utilité en ce sens qu'elles améliorent le sol. En effet, la plupart des plantes qu'on emploie pour les former, loin d'épuiser la terre comme les plantes sarclées, prennent leur principale nourriture dans l'atmosphère par leurs feuilles et par leurs tiges; en outre, elles laissent dans le sol, par leurs nombreuses racines, plus de principes fertilisants qu'elles n'en ont emprunté.

Les principales plantes cultivées en prairies artificielles, sont le *trèfle*, la *luzerne*, le *sainfoin* et la *vesce*.

Le TRÈFLE occupe le premier rang parmi les plantes fourragères, tant, sous le rapport de la qualité de son produit, que par ses propriétés comme plante améliorante. On le sème ordinairement à la fin de février dans une céréale d'hiver. La dose de la semence varie entre 8 et 12 kilogrammes par hectare, suivant la qualité du sol. Il est bon de donner à la terre ensemencée en trèfle, un léger hersage, et d'y passer le rouleau. Nous avons déjà parlé (page 29) des merveilleux effets du plâtre répandu sur le trèfle.

La LUZERNE est de toutes les plantes fourragères la plus productive et la plus vivace. Les prairies artificielles qu'on forme avec cette plante, et qui prennent le nom de *luzernières*, peuvent durer de 12 à 15 ans. On sème la luzerne comme le trèfle à l'abri d'une céréale. La quantité de semence est d'environ 24 kilogrammes par hectare.

Le terrain que l'on veut convertir en luzernière doit être de moyenne consistance, profondément labouré, exempt de mauvaises herbes et fortement fumé. Dans ces conditions la luzerne donne habituellement 4 coupes par an.

Le SAINFOIN est le fourrage par excellence des pays secs et des terrains pauvres, pourvu que leur sous-sol soit calcaire ou graveleux. On le sème en avril dans les champs d'orge ou d'avoine, à la dose de 4 à 5 hectolitres par hectare. Il ne donne, par an, qu'une coupe ou deux tout au plus.

La VESCE donne, à la vérité, des résultats moins importants que les trois plantes précédentes; mais sa culture est avantageuse pour remplacer le trèfle quand ce dernier n'a pas réussi. Il est indispensable de mélanger à la semence de vesces un cinquième d'avoine ou d'orge; les tiges de ces céréales servent de support à celles des vesces qui se développent ainsi plus facilement.

QUESTIONNAIRE.

Pourquoi les prairies artificielles sont-elles ainsi appelées? — Qu'est-ce qui distingue surtout les prairies artificielles des prairies naturelles? — Quels sont les avantages que présentent les prairies artificielles? — Quelles sont les principales plantes cultivées en prairies artificielles? — Quelle est l'importance du trèfle comme plante fourragère? —Donnez quelques détails sur sa culture. — Parlez-nous de la luzerne. — Que savez-vous touchant le sainfoin? — Parlez-nous de la vesce.

§ III. — Récoltes des Plantes fourragères, ou Fenaison.

La fenaison comprend deux opérations distinctes : le *fauchage* et le *fanage.*

Pour obtenir des foins de bonne qualité il est indispensable que la fenaison soit faite dans de bonnes conditions. Ces conditions peuvent se résumer ainsi :

1° Il faut *choisir un temps chaud et sec et l'époque où les fourrages sont en pleine fleur.*

Si l'on fauche avant cette époque, on perd sur la quantité du foin, et le sarclage est plus difficile; si l'on fauche plus tard, les tiges deviennent dures et moins nourrissantes ;

2° On doit avoir soin de *faucher aussi près de terre que possible*, parce que, c'est près du sol, que l'herbe est la plus épaisse. Un fauchage incomplet et inégal occasionne une perte sensible sur le rendement. Le talent de bien faucher est donc un des plus utiles que puisse posséder un ouvrier agricole ;

3° Il faut *travailler le foin aussitôt qu'il a été coupé, et le rentrer ou le mettre en meules aussitôt qu'il est sec.*

La première de ces opérations qui s'appelle

fanage, a pour objet la prompte dessiccation des herbages. Elle exige la plus grande activité : et consiste à éparpiller et à retourner l'herbe le plus souvent possible, à l'aide d'une fourche en bois ; si l'herbe n'est pas complètement séchée le premier jour, on la réunit avant la nuit en petits tas qu'on éparpille de nouveau le lendemain, comme le premier jour.

Le fanage dans les prairies artificielles doit être fait avec plus de ménagement, parce que les feuilles des plantes qui les composent, se détachent quand elles sont trop vivement secouées, et que le foin perd ainsi la plus grande partie de ses propriétés alimentaires. Dans ce cas, au lieu d'éparpiller les andains, on se borne à les retourner doucement, lorsque le dessus se trouve séché, et on les rassemble ensuite en tas jusqu'à complète dessiccation.

On donne le nom de *regain* à la seconde et à la troisième coupe que donnent les prairies naturelles.

QUESTIONNAIRE.

Quelles sont les deux opérations que comprend la fenaison? — Quel temps et quelle époque faut-il choisir pour la fenaison? — Quel est l'inconvénient de faucher trop tôt? — Quel est celui de faucher trop tard? — Pourquoi est-il important de faucher aussi près de terre que possible ? — En quoi consiste le fanage ? — Le fanage s'opère-t-il de la même manière dans les prairies artificielles et dans les prairies naturelles ?

CHAPITRE III.

Des Légumineuses.

On donne la dénomination de *légumineuses* à toutes les plantes dont les graines sont enfermées dans une *gousse* (en latin, *legumen).*

A proprement parler, les plantes fourragères, cultivées dans les prairies artificielles, sont aussi des légumineuses, parce qu'elles en ont le caractère distinctif; mais on ne comprend, en général, dans cette catégorie que celles des plantes légumineuses qu'on cultive spécialement, en vue d'en récolter les graines pour en faire des *légumes secs.*

Ces plantes sont au nombre de quatre : le *haricot*, la *fève*, le *pois* et la *lentille.*

En général, la préparation du sol, pour la culture des légumineuses, est la même que pour celle des céréales. On les sème à la volée en lignes ou dans des trous. Ce dernier mode, qui permet de sarcler, est plus productif, mais il est plus dispendieux et n'est guère praticable dans la grande culture.

QUESTIONNAIRE.

Quelles sont les plantes qu'on nomme *légumineuses*? —Les plantes fonrragères sont-elles des légumineuses dans le sens strict de ce mot ? — Quelles sont les légumineuses dans l'acception ordinaire de ce mot? — Combien en compte-t-on? — Comment se cultivent-elles?

CHAPITRE IV.

Des Plantes sarclées

On range dans cette catégorie les plantes alimentaires qu'on cultive *par rangées*, disposition qui permet de les *sarcler*.

Les plantes sarclées sont d'une culture très-avantageuse sous les rapports suivants : 1° elles fournissent les ressources les plus abondantes pour l'alimentation des bestiaux, et, par conséquent, pour la production des engrais; 2° le sarclage qu'elles exigent, a pour effet d'ameublir et de nettoyer le sol qui se trouve ainsi plus approprié aux cultures qui leur succèdent; 3o par la variété de leurs produits, elles nous préservent des années de disette; 4o enfin, elles contribuent, comme matières premières, au développement des industries les plus utiles.

D'un autre côté, comme ces plantes tirent leur principale nourriture de la terre, elles en absorbent plus de sucs que les végétaux cultivés dans les prairies artificielles: ceux-ci, comme nous l'avons vu, prennent la plus forte partie de leurs substances nutritives dans l'air, par le moyen de leurs feuilles et de leurs tiges; de plus, en laissant leurs chaumes dans la terre, ils lui restituent au-delà de ce qu'ils en ont tiré.

A ce point de vue, on considère les plantes sarclées comme *plantes épuisantes*, tandis que les plantes fourragères sont appelées *plantes améliorantes*. Mais cette distinction, exacte si l'on envisage seulement le mode de se nourrir propre à chacune de ces deux sortes de plantes, n'est plus juste, quand on considère que les plantes sarclées exercent, d'une autre manière, une action utile sur la terre. En effet, si elles n'enrichissent pas le sol, comme les prairies artificielles, elles le divisent par la profondeur et le pivotement de leurs racines : la terre qu'elles occupent est encore ameublie et constamment nettoyée par les nombreuses façons (sarclages et binages) qu'elles recoivent pendant leur développement ; enfin, c'est aux plantes sarclées qu'on applique, sans crainte de salir la terre, le fumier dont profitent les céréales qui doivent leur succéder. A l'égard de ces dernières, les plantes sarclées peuvent donc être regardées comme de véritables récoltes améliorantes.

QUESTIONNAIRE.

Quel est le genre de plantes qu'on appelle plantes sarclées ? — Sous quels rapports les plantes sarclées sont-elles d'une culture avantageuse ? — Pourquoi dit-on que ce sont des plantes épuisantes ? — Leur culture est-elle cependant d'un effet utile sur le sol ? — Expliquez pourquoi.

Les principales plantes à culture sarclée sont : la *pomme de terre*, le *topinambour*, la *betterave*, la *carotte* et le *navet*.

§ I — De la Pomme de terre.

La *pomme de terre*, originaire d'Amérique, est d'une importance égale à celle des céréales. Comme denrée alimentaire, elle sert à la fois aux besoins de l'homme et à la nourriture des animaux: dans les pays pauvres, elle est la plus précieuse et quelquefois l'unique ressource du cultivateur. Comme élément industriel, elle est utilisée pour la fabrication de la fécule, de la glucose et de l'eau-de-vie.

Il y a un très-grand nombre de variétés et de sous-variétés de pommes de terre; on peut les diviser en deux séries: les *précoces* et les *tardives*. Les premières mûrissent vers la fin de juillet, les autres au mois d'octobre.

La pomme de terre demande un sol sablonneux, bien préparé et fumé à une certaine profondeur. Elle ne réussit pas dans les terrains très-humides ou très-compactes.

La reproduction de cette plante s'obtient de trois manières, soit en semant la graine que donnent ses tiges, soit en plantant les tubercules, soit enfin, en se contentant d'enterrer les *yeux* qui se trouvent sur la pelure. Le mode le plus généralement usité et le plus économique est la plantation des tubercules, en ayant soin de choisir les plus gros. Il faut, en moyenne, 12 hectolitres de tubercules par hectare.

La méthode la plus expéditive est de planter à la charrue, immédiatement après les gelées, en ouvrant une raie dans laquelle une femme, qui suit le laboureur, dépose les tubercules entiers ou en morceaux : un trait de herse recouvre la plantation. Cette méthode n'est en usage que dans la grande culture, parce qu'elle n'exige pas beaucoup de main-d'œuvre; mais on obtient un produit plus avantageux en plantant les pommes de terre dans des trous ouverts à la houe et distants les uns des autres de 40 à 80 centimètres, suivant la bonté du terrain.

Dès que les jeunes plantes ont 12 ou 15 centimètres de hauteur, il faut les sarcler; plus tard on les *butte* en relevant la terre tout autour de leurs pieds. Dans les plantations en lignes, la première de ces opérations se fait avec la houe à cheval, la seconde avec le buttoir. C'est aussi avec ce dernier instrument qu'on opère la récolte dans la grande culture.

Depuis une quinzaine d'années la pomme de

terre est atteinte d'une maladie contre laquelle on n'a pas encore trouvé de remède bien efficace. Les moyens les plus sûrs de prévenir le mal sont : 1° de faire revenir moins souvent la pomme de terre sur le même terrain ; 2° de la régénérer par le semis de ses graines ; 3° de n'employer que des plants bien sains, que, pour plus de précautions, il est bon de chauler comme le blé.

QUESTIONNAIRE.

De quel pays la pomme de terre est-elle originaire ? — Quels sont les différents usages auxquels ce tubercule est propre ? — Comment divise-t-on les différentes variétés de pommes de terre ? — Quel est le sol qui convient le mieux à cette plante ? — Comment se reproduit-elle ? — Quel est celui des 3 modes de reproduction, qui est le plus suivi ? — Quel est l'avantage de la méthode de plantation à la charrue ? — Est-il préférable de planter dans des trous ? — Quelle culture exige la pomme de terre ? — Quels sont les moyens qu'il faut employer pour prévenir la maladie des pommes de terre ?

§ II. — Du Topinambour.

Le *Topinambour* est, ainsi que la pomme de

terre, originaire d'Amérique: ses tubercules offrent de précieuses ressources pour varier la nourriture des bestiaux, et particulièrement celle des moutons; ses feuilles produisent un bon fourrage; enfin, sa tige a une certaine valeur pour le chauffage.

Le topinambour vient dans les terres les plus ingrates, et supporte les froids les plus rigoureux.

La culture de cette plante est la même que celle de la pomme de terre. Quoiqu'elle exige moins de soins, il ne faut pas perdre de vue que son rendement est toujours en proportion de la main-d'œuvre, et des engrais qu'on lui consacre.

QUESTIONNAIRE.

Quels sont les différents usages qu'on fait du topinambour? — Quels en sont les avantages au point de vue de la culture? — Comment le cultive-t-on?

§ III. — De la Betterave.

La *betterave* est, après la pomme de terre, la plante la plus utile pour l'entretien du bétail; dans l'industrie, on s'en sert pour la fabrication du sucre et de l'alcool.

Les principales variétés de la betterave, sont 1° la *betterave champêtre* ou *disette,* espèce rouge, d'un grand rendement; elle convient surtout aux terres fortes, parce qu'elle sort presqu'entièrement du sol, et s'arrache facilement; 2° la *betterave blanche de Silésie,* la plus riche en principes sucrés; 3° la *betterave jaune,* de grosseur moyenne, très-estimée pour la nourriture des vaches laitières.

La betterave peut se cultiver dans tous les terrains, mais elle préfère les sols profonds, un peu humides, riches en humus, bien fumés et aussi ameublis que possible.

On prétend que les betteraves destinées à faire du sucre acquièrent une meilleure qualité dans les terrains un peu calcaires.

La préparation du sol, destiné à la betterave, exige des soins tout particuliers. Trois labours sont nécessaires: le premier après l'enlèvement de la récolte précédente, le deuxième après les gelées, et le troisième suivi d'un hersage, avant l'ensemencement.

On sème la betterave en avril, soit en place, par deux ou trois graines, soit en pépinière pour être repiquée.

Le *repiquage* est une opération qui consiste à transplanter de jeunes végétaux, dans une terre bien préparée, afin d'en favoriser le développement.

On repique les betteraves soit au plantoir, soit à la charrue, à la distance de 50 centimètres. Cette opération se fait du 15 mai au 15 juin. Avant de repiquer, il y a deux précautions essentielles à prendre pour assurer la reprise de la jeune plante : la première, c'est de couper les feuilles à 6 centimètres au-dessus du collet; la seconde, c'est de tremper les racines dans un mélange de terre, de bouse de vache et de purin.

Les travaux d'entretien que réclament les betteraves consistent à les butter et à les sarcler aussi souvent que le nécessite l'état du sol.

On arrache les betteraves vers la fin d'octobre, soit à la main, soit à la charrue.

Le rendement de cette plante est très-considérable (de 50 à 80 mille kilogrammes par hectare).

Tout cultivateur intelligent doit combiner cette culture avec une quantité proportionnelle de prairies artificielles. En multipliant ainsi ses fourrages, de manière à n'en manquer dans aucune saison, il peut augmenter le nombre de ses bestiaux et, par conséquent, la masse de ses engrais. Or, c'est de ce dernier résultat que dépend tout succès en agriculture.

§ IV. — De la Carotte, du Navet, etc.

La *carotte*, le *navet*, le *panais* et les *choux*, fournissent, comme la betterave, de précieuses ressources pour la nourriture du bétail pendant l'hiver. Leur culture est à peu près la même que celle des autres plantes sarclées.

Questionnaire.

Quelle est l'utilité de la betterave ? — Quelles en sont les principales variétés ? — Quels sont les terrains les plus propres à cette culture ? — Quels soins exige la préparation du sol ? — Quand et comment sème-t-on la betterave ? — En quoi consiste l'opération qu'on appelle *repiquage* ? — Quelles précautions faut-il prendre dans le repiquage des betteraves ? — Quels travaux d'entretien exige cette plante ? — A quelle époque et comment la récolte-t-on ? — Quel est le rendement de la betterave ? — Comment cette culture doit-elle être combinée pour donner les résultats les plus utiles ? — Y a-t-il encore d'autres plantes sarclées propres à la nourriture des bestiaux ?

CHAPITRE IV.

Des Plantes industrielles.

On range dans cette classe les plantes qui servent principalement à la fabrication de différents produits qui alimentent le commerce.

En d'autres termes, les plantes industrielles sont des *matières premières* pour l'industrie.

On appelle *matières premières*, en général, tous les produits naturels destinés à être transformés, par l'industrie de l'homme, en différents objets propres à son usage. Ainsi, dans le règne minéral : l'or, l'argent et le cuivre sont les matières premières pour la fabrication des monnaies ; dans le règne animal, la laine provenant de la tonte des moutons est employée, comme matière première, pour faire du drap, des tapis, etc.

Dans le règne végétal, diverses plantes, comme le cotonnier, le chanvre et le lin, fournissent les matières premières d'un grand nombre d'étoffes. On a formé de ce genre de plantes industrielles, une division sous la dénomination de *plantes textiles*.

D'autres plantes, telles que le colza, le pavot sont matières premières pour la fabrication de l'huile. Elles forment une deuxième division et prennent le nom spécial de *plantes oléagineuses*.

Enfin, on a classé dans une troisième division les végétaux qui fournissent à l'industrie la matière première de diverses couleurs. Ce sont les *plantes tinctoriales*.

QUESTIONNAIRE.

Quels sont les végétaux qui sont compris dans la classe des plantes industrielles? — De quelle manière servent-elles à l'industrie? — Qu'appelle-t-on matières premières, en général? — Citez un exemple de matières premières parmi les productions du règne minéral. — Désignez une des matières premières qu'offre le règne animal. — Combien de sortes de matières premières fournit le règne végétal? — Qu'entend-on par *plantes textiles*? — Quelles sont les plantes industrielles qu'on appelle *plantes oléagineuses*? — Quelles sont celles qu'on désigne sous le nom de *plantes tinctoriales*?

§ I. — Des Plantes textiles.

On ne cultive en Europe que deux plantes textiles* : le *chanvre* et le *lin*.

Du Chanvre. — Chaque partie de cette plante a son utilité : la mince écorce de ses tiges donne une filasse qui sert à fabriquer des cordes ou de la toile; sa graine, connue sous le nom de *Chènevis*, sert à la nourriture des oiseaux domestiques, et à la fabrication d'une huile excellente pour la peinture et pour l'éclairage; enfin, ses tiges, dépouillées de leur écorce, sont propres à faire des allumettes, ou fournissent un charbon léger employé pour la fabrication de la poudre ; ou bien encore, réduites en débris, elles peuvent être utilisées, ainsi que les feuilles, comme engrais, quand on a soin de les mélanger avec les autres matières qui forment les *composts*.

On ne connaît que deux variétés de chanvre, le *chanvre commun* et le *chanvre géant* ou de *Piémont* dont les tiges sont plus fortes.

Le chanvre demande une terre légèrement

* La qualification de *textile* s'applique à toute matière qui peut être divisée en fils propres à faire un tissu.

humide, très-riche en humus, ameublie par de fréquents et profonds labours, et très-bien fumée. On donne le nom de *chènevières*, aux terrains particulièrement propres à cette culture, et dans lesquels on peut la renouveler plusieurs années de suite.

Peu de plantes exigent autant d'engrais et de main-d'œuvre que le chanvre.

On le sème au mois de mai après deux ou trois labours préparatoires. Il faut de 5 à 7 hectolitres de semence par hectare. Plus on le sème clair, plus les fibres qu'on obtient sont fortes et grossières; plus on le sème dru, plus la filasse que donnent les tiges est fine, et par conséquent, d'un prix supérieur.

Quand on veut procéder à la récolte du chanvre, on commence par arracher, après la floraison, les pieds mâles, c'est-à-dire, ceux qui sont privés de graines; l'arrachage des pieds femelles se fait six semaines après, lorsque leurs tiges commencent à jaunir.

Le *rouissage* du chanvre consiste à le soumettre à l'action de l'eau, dans le but de dissoudre la substance résineuse qui enveloppe la fibre et la tient, pour ainsi dire, collée à la partie ligneuse, c'est-à-dire, au bois de la tige. Cette opération permet de séparer plus facilement cette fibre qui doit former la filasse.

Le rouissage se fait ou à l'eau ou à la rosée: le rouissage à l'eau, est le plus usité, et le plus expéditif. On plonge à cet effet, le chanvre dans des eaux stagnantes; l'immersion dure de 6 à 9 jours. On juge qu'elle est suffisante, lorsque les feuilles se détachent facilement.

Il faut avoir soin d'opérer le rouissage à une certaine distance des habitations, parce que l'odeur qni s'exhale du chanvre en fermentation, présente des dangers pour la salubrité publique. Il y a dans presque toutes les communes des règlements de police sur cet objet, et on doit s'y conformer sous peine d'amende.

Le chanvre roui, pour arriver à la transformation définitive qui le rend propre à être manufacturé, subit encore diverses opérations, savoir: le *hâlage,* le *broyage* ou le *teillage* et le *peignage*.

On appelle *hâlage,* la dessiccation du chanvre roui, d'abord à l'air libre, puis dans un four modérément chauffé.

Le *broyage* se fait avec un instrument qu'on

appelle *broie*, et au moyen duquel on brise en mille morceaux l'intérieur des tiges ou *chènevottes*, de manière à séparer entièrement le bois de l'écorce qui, dans cet état, reçoit le nom de *filasse*.

Souvent, au lieu de se servir de la broie pour séparer le bois de la partie fibreuse, on fait cette opération à la main; c'est ce qu'on nomme le *teillage* ou *tillage*. On obtient ainsi une filasse plus tenace, plus forte et qui est surtout propre à la fabrication des cordages.

Le *peignage* ou *sérançage*, consiste à passer la filasse broyée entre les dents ou broches d'une sorte de peigne, appelée *sérançoir*, qui démêle complètement tous les brins et les met en état d'être filés.

Questionnaire.

Combien cultive-t-on de plantes textiles? — Que signifie le mot *textile*? — Pour quels usages cultive-t-on le chanvre? — A quoi sert l'écorce de ses tiges? — Quel emploi fait-on de sa graine? — Quelle utilité peut-on retirer de la partie ligneuse du chanvre, c'est-à-dire de ses tiges dépouillées de leur écorce? — Combien existe-t-il de variétés de chanvre? — Quel est le sol qui convient au chanvre?— Comment appelle-t-on les pièces de terre dans lesquelles on le cultive de préférence? — A quelle époque, et en quelle quantité le sème-t-on? — Qu'arrive-t-il quand on le sème clair? — Quel résultat obtient-on quand on le sème dru? — Comment se fait la récolte du chanvre? — Qu'appelle-t-on *pieds mâles*? — En quoi consiste le *rouissage*? — Y a-t-il plusieurs manières de rouir, et quelle est la plus usitée? — Combien de jours l'immersion du chanvre doit-elle durer? — Pourquoi faut-il s'abstenir de faire le rouissage à proximité des lieux habités? — Quelles sont les diverses opérations qu'il faut encore faire subir au chanvre avant de le livrer au commerce?

Du Lin. — Tout le monde connaît l'usage du produit textile de cette plante; sa graine sert à beaucoup de préparations médicinales: dans l'industrie, on l'utilise pour faire une huile qu'on emploie en peinture; enfin, les résidus de cette graine, connus sous le nom de *tourteaux*, fournissent une nourriture recherchée par les animaux et un engrais très-estimé.

Le lin ne réussit parfaitement que dans un sol très-riche et profondément ameubli. De même que le chanvre, on le sème plus ou moins dru, suivant qu'on veut une filasse plus ou moins fine. Les façons préparatoires, qu'exige le lin, sont les mêmes que pour le chanvre.

Cette plante est considérée comme excessivement *épuisante*; mais les bénéfices considérables qu'elle procure permettent au cultivateur de rendre au sol en guano, ou en tout autre engrais pulvérulant, plus que la récolte de lin ne lui a pris. Il ne faut la faire revenir sur le même terrain qu'après un intervalle de 7 à 10 ans, suivant la richesse de ce terrain.

QUESTIONNAIRE.

Quels sont les différents usages du lin? — Quels sont les terrains qui conviennent à cette plante? — Dans quel but la sème-t-on plus ou moins dru? — Quels sont les façons préparatoires du lin? — Quel est l'effet de cette culture sur le sol? — Au bout de combien d'années le lin peut-il revenir sur le même terrain?

§ II. — Des Plantes oléagineuses.

On désigne sous ce nom les plantes qu'on cultive principalement en vue de l'huile qu'on tire de leurs graines. Les plus cultivées sont: le *colza*, la *navette*, la *caméline* et le *pavot*.

Le COLZA (du mot flamand *kolzaad*, qui signifie *graine de chou*) est une espèce de chou vert dont la culture est facile et très-productive. L'huile que fournissent ses graines sert non-seulement pour l'éclairage, mais encore pour la préparation des cuirs et des laines. Les *pains* ou *tourteaux*, qu'on forme avec les résidus des ses graines sont un bon aliment pour les animaux, et un engrais puissant, tant pour les terres que pour les prairies. Enfin, on peut former avec le colza, des prairies artificielles pour se procurer un fourrage d'hiver qui convient surtout aux bêtes à cornes.

Il y a deux variétés de colzas : l'une, tardive, dite *colza d'hiver*, qu'on sème en juillet, et qui occupe le sol pendant toute une année ; l'autre, hâtive, appelée *colza de printemps*, qui se sème au printemps et se récolte dans la même année. Cette dernière espèce est moins productive et beaucoup moins cultivée que la première. On ne s'en sert guère que pour remplacer le colza d'hiver détruit par les gelées.

Le colza n'exige pas une terre de première qualité. Tous les sols lui sont bons, pourvu qu'ils soient ameublis et fortement fumés. Il résiste moins aux gelées dans les terrains humides.

On sème le colza de trois manières : en place, en lignes et à la volée pour le repiquer. Le semis en lignes est le mode le plus avantageux, parce qu'il n'exige que 6 à 8 litres de semence par heotare, et qu'il permet de sarcler avec la houe à cheval.

Pour récolter le colza, il faut saisir le moment où un tiers des gousses ou *siliques*, commence à jaunir et que les graines prennent une teinte brune.

Huit ou dix jours après que le colza a été coupé à la faucille, et disposé en moyettes, la maturité est achevée et on procède au battage. Cette opération se fait ordinairement dans le champ même et sur de grandes pièces de toile.

QUESTIONNAIRE.

Quelles sont les plantes oléagineuses les plus cultivées ? — Quels sont les différents produits qu'on tire de la culture du colza ? — Combien y a-t-il de variétés de cette plante ? — Quels sont les terrains qui conviennent à cette culture ? — Comment sème-t-on le colza ? — Quel est le mode de semis le plus avantageux ? — Quel est le moment le plus convenable pour couper le colza ? — Comment se fait cette récolte ?

La NAVETTE qui a quelque analogie avec le colza, donne des produits moins abondants, mais elle est moins difficile sur le choix du terrain. Elle se cultive comme le colza, et, de même que cette plante, elle offre deux variétés, l'une annuelle ou de printemps, l'autre bisannuelle ou d'hiver.

La CAMÉLINE produit une huile siccative employée pour la peinture; on se sert aussi de ses tiges pour faire des balais très-durables. C'est la plus rustique des plantes oléagineuses; elle vient dans tous les terrains et brave la sécheresse. Elle a de plus sur le colza l'avantage d'être à l'abri des pucerons; mais son rendement est inférieur à celui du colza d'hiver. (15 à 25 hectolitres). On la sème, à la volée, à raison de 5 à 6 litres par hectare. Le seul soin que réclament les plants, lorsqu'ils sont levés, c'est d'être éclaircis, de manière à être distants les uns des autres de 7 à 8 centimètres en tous sens.

Le PAVOT ou ŒILLETTE fournit à l'industrie deux produits différents: l'*opium* qui s'obtient en incisant ses capsules encore vertes; et une huile qu'on extrait de ses graines et qui est connue, dans le commerce, sous le nom d'*huile d'œillette*. Cette huile est, dans les pays du nord, à peu près, la seule qui soit *comestible*, c'est-à-dire, bonne à manger. Les tiges desséchées du pavot peuvent être utilisées pour chauffer le four; ses tourteaux servent à l'engraissement des porcs; enfin, sa fleur est une ressource précieuse pour les abeilles.

On en cultive deux variétés: le pavot gris, qui est le plus estimé; et le pavot blanc qui est plus propre aux usages de la pharmacie.

Après un labour d'automne, on sème le pavot, à la volée, en janvier ou en février, à raison de 2 à 3 kilogrammes de semence par hectare. Il ne réussit que dans les meilleures terres à froment et demande une forte fumure. Au mois d'avril, on le sarcle et on l'éclaircit de manière à laisser une distance de 35 à 40 centimètres entre chaque pied. La récolte se fait en août.

Un champ de pavot de 20 ares, produit de 350 à 450 litres de graines.

QUESTIONNAIRE.

La navette exige-t-elle le même sol que le colza ? — Quels sont les autres avantages qu'en présente la culture sur celle du colza? — Donne-t-elle le même rendement? — Comment se cultive-t-elle? — Quel emploi fait-on des produits de la caméline? — Quels sont les avantages de cette culture? — Comment la sème-t-on? — Quels soins d'entretien reclame-t-elle? — Quels sont les différents produits du pavot? — Combien y en a-t-il de variétés? — Comment se cultive-t-il? — A quelle époque se fait la récolte? — Quel en est le rendement?

§ III. — Des Plantes tinctoriales.

On cultive en France trois plantes tinctoriales: la *garance*, la *gaude* et le *pastel*.

De la Garance. — La racine de cette plante donne la teinture rouge la plus solide que l'on connaisse: ses tiges fournissent un excellent fourrage propre à la nourriture de toute espèce de bestiaux. La garance se cultive principalement en Alsace et dans les environs d'Avignon. Elle demande un sol léger, profond et bien fumé. Sa culture exige une main-d'œuvre considérable, mais elle est très-lucrative quand on y apporte tous ses soins. Son rendement est d'une valeur de 5 ou 600 fr. par hectare.

La Gaude, espèce du genre *réséda*, fournit une couleur jaune d'un usage fréquent pour la teinture commune. Elle se contente des terres siliceuses et même pierreuses, à peu près impropres à toute autre culture. On la sème ordinairement à la volée, au printemps, dans un champ de seigle ou d'orge auquel on vient de donner un dernier binage. Elle croît rapidement, et peut être récoltée en octobre.

Le Pastel sert à fabriquer une couleur bleue qu'on tire de ses feuilles. Il peut aussi être cultivé comme plante fourragère. Cette plante ne prospère que dans les terres où domine l'élément calcaire et après deux ou trois labours préparatoires. Elle exige aussi une abondante fumure et de fréquents sarclages. Le pastel a perdu son importance, comme plante industrielle, depuis que les colonies fournissent l'indigo.

Questionnaire.

Quelles sont les plantes tinctoriales qui se cultivent en France. — Quels sont les produits qu'on tire de la garance? — Quel est le sol qui lui convient le mieux? — Quels sont les avantages et les inconvénients de cette culture? — Quelle est la couleur qu'on tire de la gaude? — Cette plante est-elle difficile quant à la qualité du sol? — Comment se cultive-t-elle ? — Quelle couleur fournit le pastel ? — Peut-on aussi cultiver cette plante en vue d'un autre produit ? — Quel est le sol qui lui convient ? — Quels soins en exige la culture ? — Pourquoi le pastel a-t-il perdu de son importance comme plante industrielle ?

§ IV. — Plantes industrielles diverses.

Parmi les plantes, dont les produits sont utilisés par l'industrie, il y en a un certain nombre qui ne se rattachent à aucune des trois catégories indiquées en tête de ce chapitre ; mais, la plupart sont l'objet d'une culture toute spéciale, limitée à certains cantons ; d'autres sont plutôt du domaine de l'horticulture que de l'agriculture ; quelques-unes sont des arbres fruitiers, dont l'étude ne rentre pas dans le cadre de cet ouvrage.

On peut citer parmi les principales : la *vigne*, le *tabac*, le *houblon*, le *cardère*, le *safran*, le *mûrier* et le *sorgho*, dont la culture nouvellement introduite en France, est très-avantageuse, tant pour la fabrication du sucre que pour celle de l'alcool.

QUATRIÈME PARTIE.

DES ASSOLEMENTS.

On nomme *assolement* le classement des terres d'une exploitation en plusieurs parties, destinées à être ensemencées tour à tour de plantes différentes, de telle sorte que les mêmes récoltes ne reviennent sur les mêmes terres qu'au bout d'un certain nombre d'années.

Chacune de ces parties s'appelle *sole*; on la désigne aussi vulgairement sous le nom de *saison*.

L'ordre dans lequel les diverses récoltes se succèdent et reviennent sur la même sole se nomme *rotation*.

La nécessité de l'assolement repose sur un fait acquis par l'expérience : c'est que si une terre porte plusieurs années de suite la même récolte, le sol finit par s'*effriter*, c'est-à-dire par devenir improductif.

On a cherché à expliquer ce fait en disant que la terre renferme différents sucs; que chacun de ces sucs offre une nourriture particulière pour chaque espèce de plantes, et que celles-ci, choisissent dans la terre et absorbent les substances propres à leur nutrition, laissant aux espèces qui leur succèdent les éléments qui leur conviennent.

Mais cette explication ne saurait être adoptée d'une manière trop absolue : ainsi, il y a certaines plantes qui croissent et qui prospèrent indéfiniment sur le même terrain : telles sont la vigne, le houblon, etc.

Quoi qu'il en soit, il faut admettre, comme principe général, qu'une *culture variée est, pour la terre, la condition d'une fertilité continue.*

Ce serait, toutefois, une erreur de croire que la terre a besoin de se reposer après avoir produit deux récoltes, et de rester une année sans culture, c'est-à-dire, à l'état de *jachère.*

En effet, comme l'a dit un agronome distingué, « *la terre n'est jamais fatiguée comme un homme qui a fini sa journée ;* » ce qu'elle exige n'est pas de l'inaction, c'est du changement. La preuve qu'elle n'a pas précisément besoin de repos, c'est que, pendant qu'on la laisse en jachère, elle produit des mauvaises herbes ; une preuve plus péremptoire, c'est que, quand la jachère est remplacée par une culture de fourrage ou de plantes sarclées, à laquelle on peut donner une bonne fumure, on obtient d'abondants résultats.

Dans certaines circonstances, par exemple, lorsque l'on manque d'engrais pour entreprendre une culture sarclée, on peut se trouver forcé de recourir à la jachère comme unique moyen de détruire les mauvaises herbes. Mais, dans ce cas, la jachère est un *mal nécessaire*; jamais elle n'est une *chose utile*.

Pour établir un assolement, il y a deux points à considérer: 1º le choix des plantes qu'on veut introduire dans son système de culture; 2º l'ordre dans lequel on doit les faire se succéder les unes aux autres.

Dans le choix des cultures, le mieux est de se conformer à cette règle générale: *donnez, autant que possible, la préférence aux plantes qui conviennent le mieux au sol, qui sont du plus grand rapport, et qui nuisent le moins à celles qui leur succèdent.*

Les règles sur lesquelles on peut se baser pour déterminer l'ordre de succession des récoltes peuvent se résumer ainsi:

1º Intercaler les récoltes *épuisantes* avec les

récoltes *améliorantes*, et surtout ne jamais cultiver deux céréales de suite;

2° Remplacer une récolte *salissante* (c'est-à-dire, qui favorise la production des mauvaises herbes), par une plante qui ombrage fortement le sol, ou qui nécessite des binages et des sarclages;

3° Appliquer de préférence le fumier aux récoltes sarclées, parce qu'il contient des graines de mauvaises herbes que les binages et les sarclages détruisent;

4° Combiner les différentes cultures de manière qu'on ait le temps, après l'enlèvement de chaque récolte, de faire les travaux préparatoires pour la suivante, et que la terre reste le moins possible dans l'inaction.

Les deux modes d'assolement qui sont le plus en usage sont l'*assolement triennal* et l'*assolement alterne.*

Dans l'assolement triennal, toutes les terres d'une exploitation sont classées en trois parties ou *soles* dont chacune reçoit successivement les cultures suivantes : 1re *année*, froment ou seigle; 2e *année*, orge ou avoine; 3e *année*, jachère complète.

Ce genre d'assolement est abandonné aujourd'hui par tous les cultivateurs éclairés. Ses principaux défauts sont de laisser improductif le tiers du sol, de fournir trop peu de nourriture pour les bestiaux, et par conséquent trop peu de fumier.

A ce mode vicieux, on doit préférer l'assolement alterne, ainsi nommé, parce qu'il a pour principe d'alterner, d'année en année, les céréales et les récoltes fourragères, les cultures épuisantes et les cultures améliorantes, les cultures qui salissent la terre et celles qui la nettoient.

Le système alterne s'appelle aussi *biennal*, parce que, dans son application, les céréales ne reviennent que tous les deux ans : il présente cet avantage qu'il laisse une grande latitude au cultivateur. Avec un assolement alterne, il reste libre d'introduire, au besoin des plantes industrielles dans sa culture : il garde même la faculté d'user de la jachère quand il s'y trouve réduit soit par le mauvais état du terrain, soit par la pénurie d'engrais.

Le tableau ci-contre peut donner l'idée d'un assolement alterne : on suppose que le grand carré représente l'ensemble des terres d'une exploitation, et que chaque division de ce carré est une *sole* dans laquelle les cultures se succèdent comme le tableau l'indique.

Rotation de quatre ans.

	Sole No 1.	Sole No 2.	Sole No 3.	Sole No 4.
1re Année..	Plante sarclée et fumure.	Sainfoin.	Blé ou Seigle.	Avoine ou Orge.
2e Année..	Blé ou Seigle.	Orge.	Trèfle.	Plante sarclée et fumure.
3e Année..	Trèfle.	Plante sarclée et fumure.	Avoine.	Blé ou Seigle.
4e Année..	Avoine.	Blé ou Seigle.	Plante sarclée et fumure.	Sainfoin, vesces, ou féverolles.

Questionnaire.

Qu'est-ce que l'assolement ? — En quoi consiste la rotation ? — Pourquoi un assolement est-il nécessaire ? — Comment peut-on formuler le principe sur lequel repose la nécessité de l'assolement ? — La jachère est-elle une chose utile ? — Prouvez que la terre n'a pas besoin de se reposer. — Dans quel cas est-on obligé de faire jachère ? — Que faut-il considérer pour établir un assolement ? — Quelle est la règle à suivre quant au choix des cultures ? — Sur quels principes faut-il se baser pour déterminer l'ordre dans lequel les différentes cultures doivent se succéder ? — Quels sont les assolements les plus suivis ? — En quoi consiste l'assolement triennal ? — Quels sont les vices de ce système ? — Quel assolement est préférable au précédent ? — Quel est l'objet de l'assolement alterne ? — Pourquoi l'appelle-t-on aussi biennal ? — Quel en est l'avantage ? — Donnez un exemple d'un assolement alterne.

CINQIÈME PARTIE.

ARBORICULTURE.

CHAPITRE I.

Principes généraux.

On peut partager les arbres en trois grandes classes : les *arbres forestiers*, les *arbres d'ornement* et les *arbres fruitiers*.

La culture de ce dernier genre d'arbres se rattache à l'agriculture dont elle constitue une division distincte.

On nomme *verger* tout terrain consacré principalement à la culture des arbres fruitiers.

Les arbres se reproduisent de deux manières : 1° naturellement par le *semis*; 2° artificiellement par les *greffes*, par le *marcotage* et par les *boutures* ou *rejetons*.

On donne le nom de *pépinière* à l'emplacement dans lequel on sème et on élève les différentes espèces d'arbres jusqu'au moment de les planter dans le sol qui les nourrira pendant toute leur vie.

On choisit pour les pépinières un sol de consistance moyenne, bien aéré, et dont la couche arable n'ait pas moins de 6 décimètres d'épaisseur. On distribue ce terrain en carrés ou compartiments d'un nombre égal aux espèces d'arbres qu'on veut multiplier et élever; puis on subdivise chacun de ces grands carrés en six plates-bandes destinées : la première, aux *semis*; la seconde, aux *greffes*; la troisième, aux *boutures*; la quatrième, aux *repiquages*; la cinquième, aux *marcottes*; la sixième, aux *transplantations*.

Quand le terrain est ainsi distribué, on y opère, avant l'hiver, un *défoncement* qui ne doit pas avoir moins de 50 centimètres de profondeur, et on y applique une fumure modérée.

On obtient, au moyen des pépinières, une quantité considérable de jeunes plants plus sains, plus vigoureux que ceux qu'on trouve dans les bois; ils sont surtout pourvus d'un plus grand nombre de racines qui en facilitent la reprise.

QUESTIONNAIRE.

Comment peuvent se classer les différentes espèces d'arbres ? — Quel nom donne-t-on au terrain consacré à la culture des arbres fruitiers? — Quels sont les différents modes en usage pour la reproduction des arbres? — Qu'est-ce qu'une pépinière? — Quel est le terrain qui convient à une pépinière? — Comment dispose-t-on ce terrain et quelle préparation lui fait-on subir? — Quels avantages présentent les pépinières?

CHAPITRE II.

Des Moyens artificiels de multiplier les Arbres.

§ I. — De la Greffe *.

La *greffe* est une opération qui consiste à unir une branche ou un bourgeon d'un végétal à un autre végétal, qu'on nomme *sujet*, pour lui faire produire de plus beaux fruits.

On appelle aussi *greffe* la partie détachée qu'il s'agit d'unir au *sujet*, qui est ordinairement un *sauvageon*.

* Ces notions théoriques, sur l'art de greffer, ont besoin d'être accompagnées de démonstrations pratiques. Aussi engageons-nous tous les instituteurs qui peuvent disposer d'un jardin, à donner sur le terrain ce complément d'enseignement.

On ne peut pas placer une greffe quelconque sur un arbre ; l'opération ne peut réussir que lorsque le sujet et la greffe sont d'une même espèce ou d'une espèce à peu près semblable. Ainsi, on peut greffer l'une sur l'autre les diverses espèces de poiriers, de pommiers, etc.; mais on ne pourrait unir de cette sorte le peuplier au chêne, le rosier au lilas, etc.

Il y a trois principales sortes de greffes: la *greffe en fente*, la *greffe en couronne* et la *greffe en écusson*.

La *greffe en fente* consiste à placer un rameau, taillé en lame de couteau, dans une fente pratiquée dans une des tiges du sujet.

La *greffe en couronne* est celle qui se fait en écartant l'écorce du sujet, et en y introduisant plusieurs petits rameaux en cercle.

La *greffe en écusson* qui est la plus facile et la plus usitée de toutes, se pratique en faisant dans le sujet une incision en forme de T, en soulevant l'écorce de chaque côté, et en y plaçant une petite plaque d'écorce, garnie d'un œil ou bouton. On ligature le tout avec du roseau ou de la laine.

Dans les deux premières sortes de greffes, on

recouvre la partie sur laquelle on a opéré, d'un mastic ainsi composé :

Pour 100 parties en poids:

Poix noire	28	parties.
Poix de Bourgogne . .	28	—
Cire jaune	28	—
Suif	16	—
Cendres tamisées . . .	14	—

QUESTIONNAIRE.

Quels sont les deux sens du mot greffe ? — Peut-on greffer l'une sur l'autre toute espèce de plantes ?— Combien y a-t-il de sortes principales de greffes ? — Qu'est-ce que la greffe en fente? — Qu'est-ce que la greffe en couronne ? — En quoi consiste la greffe en écusson ?

§ II. — Des Boutures.

On donne le nom de *bouture* à la branche d'un arbre ou à une partie d'une plante vivace, qu'on sépare de sa tige et qu'on plante en terre, pour qu'elle produise un nouvel individu. Tous les végétaux ne sont pas susceptibles de se reproduire par bouture. Ce mode s'applique particulièrement aux plantes grasses, aux arbres à feuilles caduques et à certains arbres résineux.

§ III. — Du Marcottage.

On appelle *marcotte* une branche appartenant encore à la plante mère, et qui, recourbée et mise en terre, y pousse des racines, et prend ainsi une existence indépendante. Cette opération doit se faire au printemps, quelques jours avant que la sève se développe.

Questionnaire.

Qu'est-ce qu'une bouture? — Tous les végétaux peuvent-ils se reproduire par boutures? — Quelles sont les espèces auxquelles ce procédé est applicable? — En quoi consiste le marcottage? — A quelle époque doit se faire cette opération?

CHAPITRE III.

Plantation et Taille des Arbres.

L'époque de la plantation des arbres est l'automne pour les sols légers, exposés à la sécheresse, et le printemps pour les terrains compactes et humides.

Il est bon de creuser, plusieurs mois, à l'avance, les trous où l'on veut planter les arbres, et d'y jeter un lit de bonne terre au moment de la plantation.

On appelle *haut-vents*, les arbres qu'on abandonne après leur plantation à leur croissance naturelle.

On donne le nom d'*espaliers* à ceux dont on applique les branches contre un mur afin qu'elles profitent de la chaleur réfléchie par ce mur.

La désignation de *plein vents* appartient aux arbres soumis à la taille, et auxquels on donne, par ce moyen, les formes de *fuseaux*, de *pyramides*, de *gobelets*, etc.

La *taille* des arbres est une opération qui consiste à couper une partie de leurs branches pour donner à ces arbres une certaine forme, ou pour leur faire porter de plus beaux fruits.

QUESTIONNAIRE.

Quelle est l'époque la plus favorable pour la plantation? — Quelle préparation doit précéder la plantation ? — Quels sont les arbres qu'on appelle *haut-vents*? — Qu'est-ce qu'un espalier? — Quels sont les arbres qu'on désigne sous le nom de *plein-vents*? — Dans quel but taille-t-on les arbres?

TABLE DES MATIÈRES.

PREMIÈRE PARTIE.

Notions préliminaires.

DEUXIÈME PARTIE.

Du Sol et des différents moyens de le préparer pour le cultiver.

TROISIÈME PARTIE.

Culture et Récolte des diverses Plantes.

QUATRIÈME PARTIE.

CINQUIÈME PARTIE.

Arboriculture.

Metz. — Typ. Jules Verronnais.

www.ingramcontent.com/pod-product-compliance
Ingram Content Group UK Ltd.
Pitfield, Milton Keynes, MK11 3LW, UK
UKHW020608180726
13838UKWH00001B/491

9 782329 407739